種籽
文化

種籽
文化

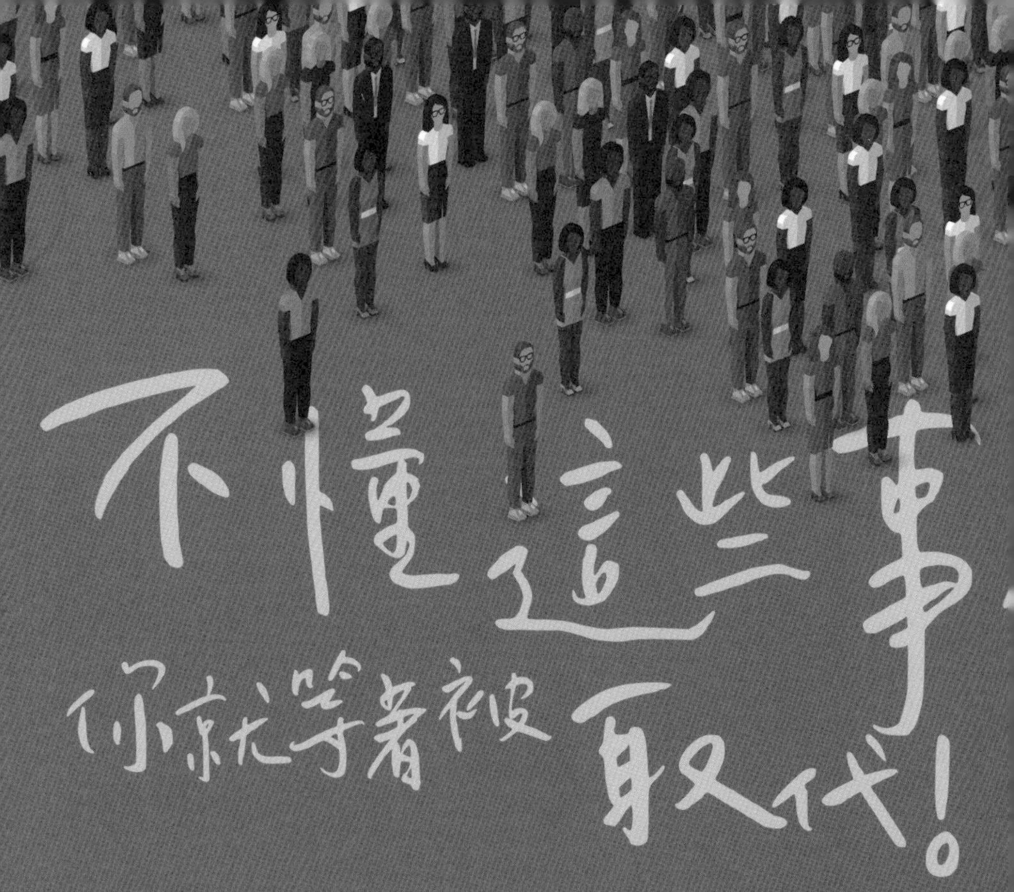

「超前部署」

公司不會告訴你，但我們不可不知道！

你別再抱著：「沒有功勞也有苦勞」的陳舊觀念了；因為只有功勞才是公司想要的，趕快把你的苦勞轉化為功勞吧，這才是職場聰明人的作法！

公司想要什麼樣的人；公司為什麼提拔他而不是你；公司裏哪些話千萬不要說，哪些話一定要說出來；公司最不喜歡什麼樣的工作態度；公司最看重哪些工作能力；哪些員工會最先被公司解聘；如何成功申請加薪；要在公司裏生存下來需要具備什麼的心態；想快速升遷要有哪些心機…等，相信這些問題都是你最困惑、最迫切想要知道的答案。

那麼，就請你閱讀本書，它一定會讓你豁然開朗的。

宋學軍 著

CONTENTS

目錄

知名大學畢業，成績名列前茅，為什麼總是在求職的時候碰壁？這樣的經歷讓不少求職者鬱悶不已。其實，公司拒絕你的理由很多，如：「沒有工作經驗」、「太高傲」、「缺乏創新能力」等。

現在的公司對優秀員工的標準早已不是「學校裏拿高分的好學生」，而是「能實際為公司做出貢獻和成績的員工」。那麼，你是否是公司想要的那個人呢？如何才能讓自己成為公司想要的那個人呢？知己知彼，才能百戰不殆，求職時你首先應該認識自己，定位自己，如果自己都不知道自己想做什麼，能做什麼，那如何能找對目標？其次，你還要瞭解你想要應徵的公司，因為對公司一無所知的人，如何讓人放心你的誠意？

這些事，公司不會告訴你，但我們不可不知。

第二章

許多人都有過這樣的經歷，也曾有這樣的感慨：論能力，某些同事與我差不多；論業績，我比他還好一點，但是面對升職機會，他總是能跑在我前面。為什麼？這個世界太不公平！但是，面對事實，我們不應該抱怨，而應冷靜地分析。其實，如何提高加薪和升職的資本呢？首先，我們不能只知埋頭苦幹做自己的事，要把工作做得更好；其次，還應將自己的貢獻記錄下來，整理成書面資料，至少自己要能說出自己做了哪些工作；最重要一點，和老闆的關係至關重要，要讓老闆瞭解你的想法，贏得他的讚賞。

CONTENTS

第三章

公司裏這些話千萬不要說 …… 81

辦公室是一個複雜的地方，正所謂：「人上一百，形形色色」，什麼樣的同事都可能存在，加上同事之間有某些利益的衝突，因此相處起來並非容易。如果遇人不淑，你將麻煩不斷，所以謹言慎行是很重要的。

工作場合，有些話千萬不要說，謹防「禍從口出」。為此，我總結出不該說的五種話，希望職場人士迴避之。

第四章

公司裏這些話一定要說出來……107

有人說職場中要「見人說人話，見鬼說鬼話」，這看似很有哲理，其實是一個錯誤理念！因為人與人之間說話溝通需要真誠，這種感覺「阿諛奉承」的話，雖然表面上聽者感覺順耳，但是當他一旦回味出來，他就會對你的人品、人格上打個問號的，在職場中一個人的人品、人格是第一財富！所以我們要學會說話，並且要懂得說話的藝術技巧！我們要反思我們的職場環境、工作環境找一些「圈內話」來交流，本著真實，本著真誠來與人溝通，不阿諛奉承，不拍馬屁，更不能說假話。我們在職場中除做到不該說的話不說外，還要真正做到：該說的話必須說。

第五章

公司最不喜歡的工作態度⋯⋯ 137

工作沒有熱情；做事拖拖拉拉；缺乏責任心；不把工作當回事，喜歡一邊玩一邊工作；看不起自己的公司；這些都是公司最不喜歡的工作態度，也會讓你充滿不滿和抱怨，終日心情黯淡。而良好的工作態度，良好的工作心態，能使你所從事的職業讓人看得起、讓人重視，使你從工作中得到樂趣。要明白，工作不是為了生存，而是要把個人的生活賦予意義，把自己的生命賦予光彩。

一個人熱愛自己的工作，以穩定積極的態度對待工作，就會不斷提高工作績效，鬥志昂揚，且心情愉悅。

第六章

當今時代，科技日新月異，知識更新加快，是一個生存空間日益狹小，整體競爭日趨激烈的時代，是一個崇尚能力，憑藉能力吃飯的時代。現在看一些招聘資訊，裏面的招聘條件一般都會有對學歷的相關要求，但作為一個招聘公司來說，學歷其實也就僅僅是個篩選條件而已，而不是公司選擇人員的一個標準。現在社會的就業形式是供大於求的，透過學歷的條件限制確實可以提高招聘的門檻，使公司選擇更加有針對性，但是你到底能不能勝任這份工作，能力還是公司最看重的。

那麼，職場中有哪些工作能力是公司最為看重的呢？解決問題的能力、替公司賺錢的能力、團隊合作的能力、獨當一面的能力和工作中的創新能力。

第八章

薪水是影響工作滿意度最重要的指標之一，加薪自然也成為眾多職場人士的渴望。可是，很多時候你感覺自己的付出遠遠大於獲得，而老闆卻無動於衷，絲毫沒有給你加薪的意思。這時你該怎麼辦呢？憤然離職、整天抱怨、怠慢工作都不是上策，不僅難以達成加薪的願望，反而會給自己的職業之路造成損失。我們來看申請加薪你必須要知道哪些事。

第九章

巴爾紮克有一句著名的話：「苦難對於強者來說是一塊墊腳石，對能幹的人是財富，對於弱者卻是一個萬丈深淵。」這句話充分說明了一個道理，也向我們展現了一個事實，那就是我們在苦難和困境中會取得什麼樣的結果，關鍵在於我們採取什麼樣的人生態度。從這一點上來說，心態顯得比現實更重要。

公司裏人際關係複雜，難免會遇到一些的挫折、誤解甚至污蔑，面對這些，你是否有坦然的心態，忍耐的度量和反擊的智慧。

第十章

職場中，每個人都希望自己的地位越升越高，但升遷有道，不懂「心機」將困難重重。想要快速升遷，必須要把握好下面幾點：

1做上司肚子裏的「蛔蟲」，
2讓別人為你做「嫁衣」，
3關鍵時刻往前站，
4明裝「熊樣」暗中使勁，
5搶先一步占據先機。

前言

有些人，認為自己擁有很高的學歷，便可以不用努力，也能得到別人的認可和尊重，當看到比自己學歷低的人取得了自己遠遠達不到的成就，自己才開始變得茫然。有些人覺得自己能力不錯，一定會得到老闆的賞識，但後來卻發現自己的能力並沒有施展的舞臺。一切事情看似複雜，其實是因為自己很難與周圍的人和社會結合，由於每個人的心思是不同的，有時候職場所表現出來的與本質又是有區別的，不瞭解老闆的真實想法，不懂得公司真正需要的人是具備什麼條件，所以，才會有那麼多所謂的優秀人士始終懷才不遇。

要想輕鬆自如馳騁職場，首先自己真的要有高人一等的本領，並且有自己的秘密武器，這個秘密武器就是瞭解公司用人的標準。

許多公司都存在著一些標準，公司利用這些標準來招兵買馬，來管理員工或裁減人員。這些標準絕對沒有任何一家公司會告訴你，但它也不是多麼高深莫測的玄機，讓你無法窺破，只是因為你的歷練不夠。一路上經由社會的歷練和經營多年的管理者，對於職場的潛規則早已瞭然於心，他們的經驗和看法就是職場生存的聖經。透過老闆的眼睛看事情，留心觀察公司的標準，才不會影響到自己的職業生涯，才可以在職業生涯中少吃點虧，少走一些冤枉路。

為了能幫助你剷除職場中的障礙，本書將把目前所有公司的標準和禁忌，以及個人的寶貴的經驗公開出來。

公司想要什麼樣的人；公司為什麼提拔他而不是你；公司裏哪些話千萬不要說，哪些話一定要說出來；公司最不喜歡什麼樣的工作態度；公司最看重哪些工作能力；哪些員工會最先被公司解聘；如何成功申請加薪；要在公司裏生存下來需要具備什麼的心態；想快速升遷要有哪些心機；相信這些問題都是你最困惑、最迫切想要知道的答案。那麼，就請你閱讀本書，它一定會讓你豁然開朗的。

本書將為你的職業生涯指明方向，讓你免受於失敗和挫折，朝著成功的方向邁進。

第一章

你是否是公司想要的那個人

知名大學畢業，成績名列前茅，為什麼總是在求職的時候碰壁？這樣的經歷讓不少求職者鬱悶不已。其實，公司拒絕你的理由很多，如：「沒有工作經驗」、「太高傲」、「缺乏創新能力」等。

現在的公司對優秀員工的標準早已不是「學校裏拿高分的好學生」，而是「能實際為公司做出貢獻和成績的員工」。那麼，你是否是公司想要的那個人呢？如何才能讓自己成為公司想要的那個人呢？知己知彼，才能百戰不殆，求職時你首先應該認識自己，定位自己，如果自己都不知道自己想做什麼，能做什麼，那如何能找對目標？其次，你還要瞭解你想要應徵的公司，因為對公司一無所知的人，如何讓人放心你的誠意？

這些事，公司不會告訴你，但我們不可不知。

學歷只不過是一張紙

許多人覺得自己讀了十幾年，甚至二十年的書，一旦走入社會仍然如迷途的羔羊，不知所措。也有人感嘆自己懷才不遇，在社會與校園的巨大差距中自怨自艾。當初鮮活的夢想歷歷在目，但一切只能眼看著它離自己越來越遠。捧著燙金的文憑，曾幾何時，以為可以靠它贏得尊重，征戰世界，可是到頭來發現重視它的好像只有自己，別人在忙忙碌碌中似乎並沒有在乎自己是「碩士」，還是「博士」。眼看著周圍的同事，業績越來越突出，能力越來越出色，而自己卻依舊包裹在學歷的光環裏，以為它可以讓自己發光。這個時候，每個人都會感嘆一聲：學歷只不過是一張紙而已！

但這並非說明學歷是沒有任何用處的，因為它代表了一個人在過去所汲取的知識領域，當然這要建立在這個學歷是通過正當途徑所得到的基礎之上。這種領域只是自己知識的累積，而知識的應用以及與實際的結合是以前書本上所沒有的，這要取決於每個人對社會的接受能力和程度。而現在的情況是，有些學歷比較高的人，一直保持高高在上的態度，自以為是，不會主動向比自己學歷低，而經驗比自己豐富的人請教，這不但養成了難以與人溝通的習慣，同時讓自己在錯誤的道路上越走越遠。

學歷高不代表自己什麼都行，尤其是在工作職位上，學歷往往起不了多大的作用。而一些學歷並不是很高的人，由於自己的不斷學習，善於觀察，並且積極地應對工作，累積經驗，取得了令人刮目相看的成績。

在我們的社會中，有很多學歷不是很高的人創造了許多高學歷的人，所不能創造的成績，在某一行業擁有至高無上的地位和尊嚴。因為對於一個人來說，即使沒有太高的學歷，只要擁有一技之長或者超強的意志都能幫助自己取得成功。下面的這則故事也許會讓我們明白一些道理。

有個哲學家過河時與划船的船夫閒聊時就問船夫：「你學過數學嗎？」

船夫說：「沒有。」

哲學家便笑說：「那你失去了生命的二五％時間了。」

他又問：「那你學過文學嗎？」

船夫回答：「沒有。」

哲學家又笑著對他說：「那你失去生命中的五〇％時間了。」

哲學家又問：「那你學過哲學嗎？」

船夫回答：「學那個有什麼用？」哲學家沾沾自喜的嘲笑他。

突然河面吹起了一陣強風，引起了不小的浪，把那條小船給打翻了，兩人雙雙落入水中，船夫問那個哲學家：「你學過游泳嗎？」

哲學家回答：「沒有。」

船夫說：「那你已失去整個生命了。」

知識不是用來炫耀的資本，有時候知識不能幫助自己度過難關，所謂知識累積起來的學歷也是如此。而一技之長卻在某些時候會助自己一臂之力。在公司裏，老闆所賞識的人也往往正是那些擁有一技之長，並且別人所不能替代的人，比起擁有高學歷，但卻不具備技能的人，他們在有些時候優勢更加明顯。

同時，一個人能否成功與學歷並沒有直接的關係，有些人即使沒有很好的學歷，也可憑藉自己的毅力以及善於把握機會的特點做到一鳴驚人。而能否引起上司的注意，往往不是自己有多高的學歷。

是的，學歷只不過是一張紙，這點公司絕不會告訴你，但你必須明白：高學歷不代表財富更不代表成功；只有學歷沒有能力和毅力照樣難成大事。學歷僅僅是塊脆弱的敲門磚，有學歷並不等於擁有了一切。明白這個道理以後，對於有些公司招聘有經驗和能力的員工而不是有學歷的員工也就不足為奇了。大部分的人已經認識到，對高學歷的迷信，對低學歷的輕慢，是不理智的！

職場箴言：

1、如果你擁有高學歷，也不要覺得有什麼了不起，學歷有時候只不過是一張白紙。

2、當你沒有足夠高的學歷，也不用灰心喪氣，努力與堅持加上一定的工作經驗，同樣可以使你如魚得水。

工作經驗是重要標準

對於畢業要找工作的學生來說，最痛苦的莫過於，在面試時聽到主考官的一句提問：「你有實際工作經驗嗎？」面對發問，除了搖頭，就是嘆息。也許對此，任何人都會說出：「剛畢業哪來的工作經驗？」但是職場不相信眼淚，只看重事實。苦讀這麼多年，僅因「你有實際工作經驗嗎？」就讓你的希望破滅了。多苦！相信遭遇過這樣苦痛心情的學生絕對不是個小數目，而且會年復一年的上演同樣的悲情。

為何要求經驗呢？因為勝任工作才是實在的，公司希望不需要培訓你就能直接工作。有工作經驗，公司就可以減少培訓成本。另外，現在公司最大的不滿是應屆畢業學生的存活率太低。公司把學生從學校招聘過來，從沒有任何工作經驗到教會他各種工作技能，花費了不少的人力和物力等，但學生卻把公司當做了實習基地和跳板，說走就走了。招聘公司抱怨說：「好人才越來越難找，很多學生連基本的就職能力、職業素養都缺乏，花錢與時間來培訓他們，成本太高，得不償失，這讓我們難以接受。」同時書本理論知識往往與現實工作需要技能嚴重脫節；而大部分應屆畢業生文憑越高，對知識的自負也就越高，在現實面前無法調整心態、虛心學習、從頭再來，結果只好一走了之。

這些學生所畢業的學校給招聘公司留下了很壞的印象，從而為下一屆畢業學生的就業留下很大的隱患。這是一種教育的失敗。大學校園好比「人才加工廠」，如果屢出「次品」那麼這條生產線也肯定存在問題。有關專家認為，招聘公司要求應屆畢業生具備一定的工作經驗，首先是對目前教育培養模式的質疑，教育與社會的脫節導致了招聘公司對學生的職業能力產生了極大的不信任；其次是長期以來，許多學生進入職場工作後，又往往存在眼高手低的現象。這兩者結合留下的後遺症，不能不讓招聘公司立起高高的門檻。

在目前就業形勢相當嚴峻的狀態下，想讓招聘公司對學生放寬，不再需要工作經驗，顯然是不可能的。再說人家也沒義務拿自己的效益給你作試驗的工具。要想不被「實際工作經驗」擋在門外，唯有從自己身上找原因、想辦法。

所以，對於應屆畢業生來說，有一點必須要認識到，那就是工作經驗比什麼都重要。有個在公司混了多年的人曾經感嘆的說：工作無非就是經驗的累積，跟過一百個案子和跟過

三、五個案子的人是不一樣的，裏面沒有別的，就是經驗。

近些年，許多大學畢業生，包括留學生，雖然他們有的畢業於知名院校，有的海外學成歸來，甚至一些專業看起來是相當實用的，但仍然沒有得到招聘公司的青睞。招聘公司沒說，但我們應該知道，除了頭上所有的光環，其實工作經驗是一條重要的標準。

小張在讀大學的時候就是一名優秀學生，為了追求自己的夢想，他選擇了赴英留學。幾年下來，他拿到了碩士和博士學位。花掉的錢不說，幾年的辛苦讓他記憶猶新，每天排得滿滿的課程，要求極為嚴格的老師與不同科目的考試，讓他一刻都不得閒。身在異國他鄉，除了偶爾到外面的餐館打打工之外，他沒有認真地體會過遊玩或者旅行的樂趣。因為在他的心裏，父母的血汗錢讓他花掉了，他必須對得起父母，所以幾乎把所有的時間都用在了學業上。而且他學的專業是商務管理，他自己很有信心能夠在將來的某一天大有作為。

幾年後，他如願獲得學位，帶著鍍金的身分與十足的信心回國。在他的美夢正酣之時，他開始自己的求職之路。一切全在他意料之外，一些他根本不看在眼裏的公司都沒有向他伸出手。他納悶了，沒有人告訴他原因。一個海外留學回來的菁英分子，一個值得驕傲的專業，這些條件應該不會讓自己陷入如今的尷尬啊，這到底是什麼原因？

小張陷入了深思，但遲遲不解。直到有一天，他的一個朋友約他見面。看到面前這個處處比自己「差」的朋友，意氣風發，不但職位誘人，薪水更是讓小張可望而不可即。最後朋友的一句話道破了「天機」。這位朋友說：「小張，其實現在公司用人非常現實，**他們需要的是能為公司帶來利益的人，而不是一個擺設。能否帶來利益，有時候與是否高學歷，是否是留學關係不大，重要的是工作經驗。」**

小張恍然大悟，所以他決定在自己的求職之路放低身價，以累積經驗為目的，而不像以前那樣處處苛求。

是的，如今是一個商業社會，效率和利益永遠都是第一位的。大部分的公司面對一個已經身經百戰的員工和一個沒有任何經驗的員工時，其選擇幾乎是不容置疑的。

經驗固然重要，但如果與公司不相關則帶來的幫助就不會很大。這就是為什麼許多公司強調相關工作經驗的原因。

吉姆和瑪麗是同學，他們的專業是人力資源管理，畢業後他們一同開始了自己的職業歷程。雖然他們在不同的公司，但都表現非常優秀。

就這樣，兩年過去了。吉姆對瑪麗抱怨說，自己感覺人力資源管理不能發揮他的才能，而且待遇也不高，所以他決定跳槽去做行銷，因為他看到自己做行銷的同事都可以領著讓人羨慕的薪水。而他卻一直沒有任何起色，好像上司也沒有重用自己的意思，讓他非常鬱悶。

瑪麗對他進行了一番勸解，卻無濟於事。就這樣，吉姆去做行銷了，而瑪麗依然堅守在自己的人力資源職位上。

又是兩年過去了。瑪麗的工作越來越出色，也得到了公司的認可。但吉姆在自己的行銷職位上有點待膩了，他覺得行銷不但勞累，而且薪水並沒有自己想像的那麼好，於是他又想換份工作。就這樣，瑪麗始終堅持自己的職位，而吉姆的工作換了一個又一個。

有一天，瑪麗找到吉姆，興奮的表情誰都可以看出，她遇到高興的事情了。是的，她接到了一個獵頭公司的電話，有家公司想挖請她去做人力資源的總監，開出的薪水十分豐厚。吉姆聽後，非常疑惑不解，這麼多年來，他輾轉於各個職位，嘗試過不同的工作，要說工作經驗，他比瑪麗要豐富多了，但自己為什麼從來沒有被獵頭公司發現呢？

時常換工作，尤其是換行業，看似是一種經驗的累積，可謂豐富，但在有些公司的眼中，這樣的人不但不穩定、踏實，而且某一方面的經驗也不夠。工作經驗是要講究相關性，如果與公司的要求不相符，即使有再豐富的工作經歷也都無濟於事。

講到這裏，許多人不僅疑問，那到底該如何去累積工作經驗呢？

工作經驗其實也就是實踐經驗。只要實踐過了，也就意味著有了工作經驗，也就意味著達到了公司的要求。但大學生為何就不去「實踐」呢？要說大學生不參與實踐活動，那是個冤枉。

不過，許多大學生在暑寒假「實踐」的都是些什麼？給中小學生做兼職家教，給商品做促銷，這些「花拳繡腿」不能說一無是處，但卻與自己所學的專業不相符合，當然更談不上有什麼工作經驗可以累積，與招聘公司的要求相差甚遠，也就等於沒有工作經驗，當然也就被拒之門外了。

累積工作經驗，比較重要的一點是，要本著真正學習知識和經驗的心態。綜觀當今職場，不管是招聘現場還是招聘廣告，「有從事某某工作經驗兩年（或三年）以上」、「有工作經驗者優先」等字樣屢見不鮮，使不少應屆畢業生求職時連履歷表都投不進去，別說是面試了。職場這一殘酷的現實迫使在校學生未雨綢繆，紛紛採取各種措施惡補沒有工作經驗這個問題。

然而，由於方法不對，往往事與願違；有些甚至在以後的求職中還起負作用。有個朋友講了自己曾經遇到的一件事情。他在某家銀行公司做行政的時候，曾接待了一個親戚介紹來實習的女孩，為此，他還特地查閱了報刊雜誌中關於實習重要性的文章，對她進行教育：實習的作用非同小可，不僅能檢驗所學的專業知識，提高實踐能力，累積就業資本，為日後求職提供幫助，還能補充社會閱歷，提高自己的社交能力……要她好好把握實習的機會。

然而，女孩並不買帳，她關心的是實習結束後能否給她開一張實習證明！並詳細說明實習證明應當寫明實習的職位、職位描述、實習過程中完成的工作任務、工作評價等，最後要銀行經理簽字、公司蓋章……實際上，女孩只來公司實習沒幾天，礙於情面，他還是照她的要求開給了一張正式的實習證明，這張只有虛名的實習證明到底對她的求職就業有何幫助，他從內心深表懷疑。

當今社會，開張實習證明是易如反掌的事，相信每一個實習過的學生都能辦到。但這樣形式主義的實習，是有百害無一利的。實習生只有腳踏實地的把自己當作企業的員工，用企業的要求和職業人的標準嚴格要求自己，這樣的實習才有成效、才會給求職帶來收穫和驚喜。

現在人才市場上最吃香的就是有專業工作經驗、能力強的人才，大學教育實際上僅僅是「高等基礎教育」，想要成為有專業工作經驗、能力強的人才，大學生們就要吃得起苦，從基層做起，累積工作經驗，同時做好職業規劃，等到能夠獨當一面了，那你就不用害怕了。到了那時候，不是你去求職，而是公司主動會找上你，你的身價自然就漲了。

職場箴言：

1、將學歷或者其他的光環扔到一邊吧，因為這些在工作經驗面前是極為遜色的。

2、不要將換工作當成家常便飯，有了豐富的經歷未必能夠得到賞識，只有在某一個領域做到資深，才能被相關的人賞識。

第一印象決定成敗

人與人第一次交往中給人留下的印象，會在對方的頭腦中形成並占據著主導地位，這種效應便是心理學上所稱的「第一印象」效應。

一般來說，它是指最初接觸到的資訊所形成的印象對我們以後行為活動和評價的影響，實際上指的就是「第一印象」的影響。

一位心理學家曾做過這樣一個實驗：他讓兩個學生都做對三十道題中的一半，但是讓學生A做對的題目盡量出現在前十五題，而讓學生B做對的題目盡量出現在後十五題，然後讓一些人對兩個學生進行評價：兩相比較，誰更聰明一些？結果發現，多數人都認為學生A更聰明。這就是第一印象效應。

心理學家同時還認為，第一印象主要是由性別、年齡、衣著、姿勢、面部表情等「外部特徵」形成的。大部分的人認為，一般情況下，一個人的體態、姿勢、談吐、衣著打扮等，都在一定程度上反映出這個人的內在素養和其他個性特徵。所以，一個暴發戶無論怎麼修飾自己，都不會表現出自然優雅。

如果你立志要進入一個你心儀的公司，那麼給人留下的第一印象至關重要。在現實生活中，我們經常見到一些情況，比如，兩個人能力相差也許很大，但那個能力稍遜的人卻被選中，這裏面第一印象起了很大的作用。

一項針對三十家企業的專題問卷調查結果表明，九〇％的企業會把第一印象作為用人標準，而並不像大多數求職者認為的那樣，現在的企業會做全方位的考察，第一印象不起決定性作用。實際上，九〇％的企業會把履歷表中的工作經歷、儀容表態、談吐舉止三方面的第一印象作為用人的標準。沒有任何一家企業會告訴你這些，但它就是事實。

另外，調查中也發現一些企業為應對求職者熟悉面試技巧，而從細節處考察求職者，個別企業甚至出現了面試前移的現象。如惠普公司在招客服人員時，從打第一個電話通知求職者面試時，求職者接聽電話的方式就已經是在面試了。還有企業在招基礎工作時，並不注重求職者的專業技能，而是看求職者的態度，看他們求職願望是不是強烈。因為公司認為，簡單工作沒有強烈的求職願望也是做不好。

有些人也許會疑惑，要想提高自己在別人心中的第一印象分數，取得面試成功，應該從哪些方面著手呢？其實研究發現，五〇％以上的第一印象是由你的外表所造成的。你的外表是否清爽整齊，是讓身邊的人決定你是否可信的重要條件，也是別人決定如何對待你的首要條件。這裏的「外表」不僅是一張英俊和漂亮的臉蛋就夠了，還包括體態、氣質、神情和衣著的細微差異。第一印象還有大約四〇％的內容與聲音有關。音調、語氣、語速、節奏都將影響第一印象的形成。剩下的一〇％則與言語舉止有關。

因此，踏上面試之旅時，要做足功夫。注意衣著得體，面色健康，適當的淡妝必不可少。同時，還應該注意說話的語氣，客氣禮貌，不卑不亢。舉手投足之間應該顯出自己的修養，千萬別讓不恰當的儀容談吐變成求職路上的「擋路石」。

其實，重視第一印象，古今中外都存在。《三國演義》中鳳雛龐統當初準備效力東吳，於是去面見孫權。孫權見到龐統相貌醜陋，心中先有幾分不喜，又見他傲慢不羈，更覺不快。

最後，這位廣招人才的孫仲謀竟把與諸葛亮並肩齊名的奇才龐統拒於門外，儘管魯肅苦言相勸，也無濟於事。眾所周知，禮節、相貌與才華絕無必然聯繫，但是禮賢下士的孫權尚不能避免這種偏見，可見第一印象的影響之大！美國總統林肯也曾因為相貌偏見，拒絕了朋友推薦的一位才識過人的閣員。當朋友憤怒地責怪林肯以貌取人，說任何人都無法為自己的天生面孔負責時，林肯卻說：「一個人過了四十歲，就應該為自己的面孔負責。」可見，任何人都不能忽視第一印象的重要作用。偉大人物尚且如此，何況日常面試中的面試官，他們也有自己的第一印象準則。

有些人可能對這方面的功課已經非常熟悉，因此面試之前的「精心打扮」也是浪費不少心思。但有一點要記住，許多事情過猶不及，「適可而止」是主要原則。

有六個年輕人搭乘火車旅行，坐在同一車箱內。其中五個很安靜，也很規矩。只有大衛是個粗魯的人，給其他乘客招惹了許多麻煩。

最後，大衛在一個車站帶著兩個沉重的皮箱下了車，沒有一個旅客幫他的忙。有個人一直等到大衛走得很遠了，才打開窗戶，對著他大聲喊：「你把東西留在車廂裏了！」然後，又把窗戶關了起來。

大衛轉過身子，拎著兩個沉重的皮箱，匆匆趕了回來。他轉回來時，顯得非常疲倦，對著窗戶大聲喊：「我把什麼東西留在車上了？」

當火車再次啟動時，叫他回來的旅客打開窗戶說：「一個極壞的印象！」

這時，大衛沮喪極了，不只是身體的疲倦，更是心靈的觸動。可見，給人留下不好印象後果是多麼嚴重，故事中的大衛只是被人嘲笑一番。而如果是一個面試者，則可能被一個自己理想中的公司拒之門外。

另外，履歷表是求職的敲門磚，應聘者在製作履歷表時，一定要突出優勢。企業在對求職者進行初選時並不會花很長時間，因此求職者在履歷表中要讓公司在短時間內感覺或許你就是合適的人。而要做到這樣履歷表要遵循八字真諦：簡明扼要、突出優勢。工作經歷是履歷表的精髓部分，對沒有工作經歷的應屆畢業生來說，上過的課程、實習經歷、學生工作這些都要能傳遞給公司有能力快速學習，並且能立刻上手工作的資訊。此外，寫履歷表也要避免名不副實、千篇一律。

總之，服飾打扮、舉止言談、氣質風度、文明禮貌，無一不在影響著我們的形象，決定著我們的前程和命運。由於舉止得體，面試獲得了機會，這個機會是工作機會也是學習機會，我們將在工作中不斷提高自己的能力。

反之，如果職場上不注重禮儀，本來很好的機會，可能由於舉止言行的某一個失誤，則使面試失敗，導致機會不再來。第一印象決定成敗，細節的表現比你的文憑更加重要。你一定要把握好這重要的一關，爭取在短時間內展示給面試官你的修養、品位、談吐。

職場箴言：

1、不要指望面試官能一眼就看透你的能力和靈魂，先從最基本的著手吧！因為這些可以讓你給他們留下良好的第一印象。

2、注意形象沒錯，但如果太刻意追求，也許會適得其反。相信沒有一個面試官會對化妝成「熊貓眼」的人產生好印象。

3、一個衣著整齊而且看起來優雅大方的人，如果說話的時候沒有注意語氣和語調等，或者舉止不雅，別人也許只會用「衣冠楚楚」來形容你了。

你對公司瞭解多少，決定成功多少

許多人在面試之前特別緊張，不知道該準備什麼。有些人只在面試之前注意打扮自己，想給對方留下好的印象，而不會在實質性的問題上下功夫。甚至有人抱著碰運氣的心態，這樣的話便幾乎沒有多少機會進入所面試的公司，只是浪費彼此的時間而已。如果你真的很看重一家公司，那麼內外的功夫就都得做好。外部功夫就是我們前面說的，注意自己的形象以及言談舉止等，爭取給面試官留下良好的第一印象。內部功夫也就是對所應聘公司的瞭解了。

要瞭解什麼，這是很重要的問題。面試之前，對應徵的公司和職位的工作內容要瞭解。面試人員提出的問題都與招聘公司以及職位是有關的。有的人一直懷疑，為什麼自己一應徵就會被刷呢。後來發現是他們在面試前，並沒有對這個企業整體情況有所瞭解，要應徵的工作職位也不瞭解。甚至有的人還問面試官：「公司的企業文化是什麼？」相信，只要這個問題一旦問出，那麼能夠成功被錄取的機率幾乎就沒有了。沒有一家公司願意接受一個對自己文化與情況一點都不瞭解的應徵者，這不但讓面試官覺得這個應徵者不夠細心與專業，同時還會讓他們覺得你對他以及公司都不夠尊重，試問不捨得拿出一點時間去瞭解的人就來他們公司面試，他們怎麼會接受。

可見，事前的瞭解是多麼重要。記得以前有人經常討論，他們同學某某某並不是多麼優秀的，但卻被知名公司所聘用，不但有經常出國的機會，而且拿著讓他們羨慕的薪水。他們心裏不平，心想大家專業一樣，學校也一樣，憑什麼他可以得到這麼好的工作，而自己卻屢屢面試不利呢？

在後來的談話中，大家才得知，這位被知名企業錄取的同學，每天必做的功課是修改自己的履歷表，不但在內容突出自己的亮點，而且下功夫去瞭解自己所應徵的公司以及職位。針對這個職位去設定自己的履歷表，所以很容易得到了面試機會。

到了面試現場，他在講自己履歷表遞交的同時，還遞交了一份自己的研究，這份研究是針對這家公司，將這家公司近幾年在市場上的一些表現以及大眾的反應，還有他的建議全都列了出來。

後來，他果然被錄取了。面試官說，其實他所做的那份研究資料許多是錯誤的，而且也談不上專業，但他的那種精神以及對公司瞭解的態度讓他們感動，因為他們需要的正是這樣的人。

面試前對公司文化以及職位要求充分瞭解，許多人都已經認識到。但每個公司的要求是不一樣的，他們所喜歡的人才也不同，即使是同一行業的公司，甚至他們的用人標準有著天壤之別。這種時候，應徵者應該動用自己所有的資源去打聽，並且在網路上多多搜尋有關該公司的資訊，面試的時候就可以做到投其所好了。

總之，知道的越多越好，這樣做會讓你對公司和工作有一個清晰正確的瞭解。有些公司各方面都很不錯，但是有的公司表面上看起來不錯，其實工作氣氛不好；有些公司名氣很大，但對員工十分苛刻。如果事先不知道，好不容易應徵成功，換來的卻只能是失望和後悔。

當然，如果不是公司想要的那個人，就要看自己的努力了。有些人在進入一個公司之前非常努力，對公司瞭若指掌，而且也成功獲得面試官的青睞，如願以償地進入公司，取得自己滿意的職位，但認為從此以後就高枕無憂，這樣就錯了。許多公司通常的做法是，對於自己招聘來的員工要有一段考察期，在考察期內如果不能及時熟悉自己的工作職位，繼續加深對公司的瞭解，極有可能會被淘汰。

瑪麗和蘇菲兩人是一同進入一家報社的。在考察期內，瑪麗非常努力，每天加班到很晚，不是自己工作沒有做完，而是她在極力研究報社的一切規定，以及他們的刊例和欄目特色。而蘇菲呢？進入報社以後，就覺得自己終於可以鬆一口氣了。整天忙完自己的工作就回家，除了自己所負責的項目以外，別的事她什麼都不瞭解。

有一天，辦公室只有她們兩人，電話響了。蘇菲接起電話，對方問他們的廣告報價以及廣告後的服務內容，蘇菲無言以對。這時，她不得不問瑪麗，瑪麗把電話接了過去，非常有系統而且專業地向對方做了介紹。不但對方非常滿意，表示了合作的意願，而且一旁的蘇菲聽得目瞪口呆。這時，她們的主編正好在門外聽到了，相信對蘇菲和瑪麗兩人的評價，他心裏已經有了定數。

所以，不要以為面試成功了，就萬事大吉了，其實那只是萬里長征走完的第一步。進入公司以後，為什麼相同起點的人最後卻有著不同的結局。並不是有些人天資聰穎，也不是有些人靠門路關係，很大程度上是看自己的工作態度，能夠從一開始就對公司、對行業細心瞭解的人，才能夠迎接一切工作中可能面臨的挑戰和問題。

職場箴言：

1、對於敵人，要做到知己知彼，才能百戰不殆。而對於一家公司來說，充分瞭解它，是你踏上成功征程的捷徑。

2、瞭解公司，然後對症下藥，才能如願以償。囉嗦一些沒用的事情，只是徒然。

3、面試成功以後，不要放鬆自己對工作環境以及公司的瞭解，儘快適應，才能在職場上馳騁。

面試題可能超出你的想像

要想進入一個公司，第一關就是面試，所以，回答面試題是必不可少的環節。大部分人遇到的面試題也許都是非常正統而且與自己所應徵職位有關的，只要發揮自己的專業本領就可以。但事實是，有些公司為了考察面試者能力以外的東西，而出一些我們意料之外的題目。這個時候，誰去誰留也許就一目瞭然了。這樣的題目沒有對錯，也很難說出道理來，甚至沒有標準答案。

比如，有一個公司的面試題是這樣的：

你開著一輛車。

在一個暴風雨的晚上。

你經過一個車站。

有三個人正在焦急的等公共汽車。

一個是快要臨死的老人，他需要馬上去醫院。

一個是醫生，他曾救過你的命，你做夢都想報答他。

還有一個女人／男人，她／他是你／妳做夢都想娶／嫁的人，也許錯過就沒有了。

但你的車子只能再坐下一個人，你會如何選擇？

老人快要死了，你首先應該先救他。

你也想讓那個醫生上車，因為他救過你，這是個好機會來報答他。

還有就是你的夢中情人。錯過了這個機會。你／妳可能永遠不能遇到一個讓你／妳這麼心動的人了。

你的選擇是什麼？

最後，答案是五花八門，當然每個人的答案都有自己的原因和解釋。後來有一個人被錄取了。他的答案是這樣的：讓醫生開車送老人去醫院，而自己留下來陪夢中情人繼續等公車。

當然，也許有些人會說公司用這樣的方法有點勉為其難，或者不合理。是的，這樣的面試題也許不能完全反映一個人的素質、水準或者道德，但公司既然出了這樣的面試題，那麼說明他們有自己的評價標準，你要想取得自己滿意的工作，就得去適應公司的文化和口味。

甚至在一些面試中，沒有什麼幾頁紙的題目，也沒有什麼專業的考核，只是聊天，在聊天的過程中來考察一個人的反應能力以及與人溝通的能力。當然，有的也會在聊天的過程設置小小的陷阱，如果自己不注意，或者不小心掉進了陷阱中，那便說明你不是他們想要的那個人。

布魯斯曾經給自己的朋友講過他應徵部門經理的成功經歷，非常耐人尋味。

招聘啟事見報後，一連數日應徵者都把招聘單位人事部的門口堵的水洩不通。他們大多是有著較高的學歷和輕鬆的工作，但面對這個薪水豐厚的部門經理職位，還是要選擇跳槽的。然而，當他們走進招聘辦公室時，卻看見面試官身後的牆壁上貼著一張「告示」：為了節約面試時間，您務必在進來五分鐘之後自動退出室外。請您合理支配時間！

許多應徵者一進辦公室便抓住有限的時間，向面試官滔滔不絕地介紹自己的經歷和經驗，即使面試官的辦公室電話響起，也不願輕易中斷。直到面試官拿起電話，他們的介紹才被迫尷尬地中止。五分鐘到了，有些應徵者認為面試被面試官接電話占去了大半時間，而懇求面試官再寬限一會。但是，他們被面試官責令退到室外。走出門外的應徵者，紛紛抱怨面試官的不仁和刻板。

輪到布魯斯面試時，談話進行了沒幾句，面試官辦公桌上的電話便響起來了。布魯斯心想，與電話相比，面試總還是次要的。於是便微微一笑，在鈴聲響過兩遍後拿起電話遞給了面試官。就在這時，這位面若冰霜的面試官突然露出了難得的微笑，並且說：「恭喜你，你被錄取了！」

後來，布魯斯與這位面試官成為了好同事和好朋友。他帶著當初的不解問：「當時為什麼錄取我，而不是別人？」「還記得面試中的那個電話嗎？那是我們為每個應徵者故意安排的現場測試。能夠主動中止面試而不影響我接電話的人，肯定是一位深諳商務、寬宏大度、顧全大局的人。其實對於那次我們招聘的職位來說，應徵者不需要太多的時間，幾秒鐘足矣！」

這樣的面試可謂別出一格。許多人認為一個人的能力和經驗至關重要，而珍惜時間也應該值得稱讚。但這家公司的面試告訴我們，比這些更重要的是一個人的素養和態度。也許你對此感到不屑，這也沒什麼，只能說明你不適合這家公司。但對於一個面試者來說，這家公司不適合，那家也不適合，又有多少是真正適合自己呢？在五花八門的面試題與面試場景面前，應該學會觀察，並且透過日常的修養來提高自己。

而且，要想取得面試成功，還應該瞭解公司的文化以及職位的特徵，這樣才能有的放矢。

倫敦一家知名廣告公司招聘策劃人員，吉姆也加入了應徵的隊伍。通過筆試後，吉姆和另外兩位求職者獲得了面試的機會。

直到面試那天吉姆才知道，主考官是公司的藝術總監——傑克。

傑克在自己辦公室接待了三位求職者，但是他並沒像其他考官一樣，出一些奇怪的測試題，也沒有立即考核他們的創造力。而是大手一揮，讓吉姆他們跟著他一起上十樓的董事長辦公室。傑克的辦公室在六樓，吉姆和兩位求職者只得跟著走樓梯。

樓梯很窄，傑克在前面慢悠悠地走，三位求職者跟在後面，沒人主動超越傑克。走著走著，大家的心情很急躁，但是都刻意地壓抑著。

從六樓爬到八樓，兩層樓的距離花了平時三倍的時間。傑克依舊一聲不響地走在前面，全然不顧身後求職者的表情。快到九樓時，性急的吉姆終於按捺不住了，一個箭步超過了傑克。很快，吉姆就捷足先登，爬到了十樓。不過令吉姆驚訝的是，整個十樓是用來做倉儲的，根本沒有什麼董事長辦公室。

就在吉姆感到茫然不解時，其他三人也已經到了十樓。吉姆看到另外兩位求職者暗地裏還在不停的搖頭，對吉姆的沉不住氣表示惋惜。不過，當傑克宣布的錄用結果卻大出他們所料——吉姆最後被留了下來，傑克的理由是：做廣告這一行，需要超越和創新，如果墨守成規、沒進取心，那不是公司需要的人才。

又是一個出人意料的面試。也許有些人不解了，面試的時候，為什麼有些面試官喜歡那些懂得謙讓與大度的人，而有些則喜歡那些勇於往前衝的人呢？這並不奇怪，公司業務方向不同，自然有不同的文化，同時，應徵的職位性質和特徵也有很大關係。當然，個人的好惡也會摻雜在裏面。對於一個求職者來說，多瞭解對方與自己，才能做到百戰不殆。

職場箴言：

1、面試是通往職場的必經之路，應該小心面試題中的陷阱。
2、面對非常態的面試，不要驚訝，要善於觀察並謹慎作答。
3、去面試之前，要充分瞭解自己所應徵職位的性質與特徵，做到胸有成竹。
4、日常的修練與提高必不可少，因為面試的時間雖短，卻可以充分反映一個人的素質。

第二章 公司為什麼提拔他而不是你

許多人都有過這樣的經歷，也曾有這樣的感慨：論能力，某些同事與我差不多；論業績，我比他還好一點，但是面對升職機會，他總是能跑在我前面。為什麼？這個世界太不公平！但是，面對事實，我們不應該抱怨，而應冷靜地分析。其實，如何提高加薪和升職的資本呢？首先，我們不能只知埋頭苦幹做自己的事，要把工作做得更好；其次，還應將自己的貢獻記錄下來，整理成書面資料，至少自己要能說出自己做了哪些工作；最重要一點，和老闆的關係至關重要，要讓老闆瞭解你的想法，贏得他的讚賞。

業績決定一切

有過求職面試經歷的人都曾面對過這樣的問題，「在上一份工作中，你曾有哪些突出業績」，即使是剛走出校門第一次進行職業選擇的畢業生，也被告知一定要拿出有足夠說服力的經歷，或能表現自己能夠勝任這份工作，那什麼是有足夠表現的能力呢？說到底，還是你以往的工作業績。對於已經步入社會的人來說，業績就是你工作上曾經取得的成績，是能夠表明你勝任職位職責的事情。對於剛畢業的學生來說，業績就是你在學生時代做過的與應徵工作要求相關的經驗或經歷。對於職場中人來說，業績是衡量你能力的標桿，也是晉級升職的標準，更是個人收入高低的重要依據，甚至，因為業績突出，老闆的笑臉只對你一個人綻放，原因何在？業績決定一切！

業績是企業的生命所在，幾乎每一個企業都把業績作為自己企業文化的重要組成部分，甚至把業績當做員工的重要素質標準之一。

ＧＥ的業績觀在其核心價值觀中就占有十分重要的地位，所以該公司也特別重視對員工進行這方面的培訓。剛進入公司的新員工，公司會在其入廠教育中告訴他們，業績在ＧＥ的企業文化中占有非常重要的地位。在ＧＥ，所有員工無論來自世界知名大學還是不知名的學校，也不論以往在其他公司曾經有過多麼出色的工作經歷，只要進入ＧＥ，就站在了同一起跑線上。每個員工必須重新開始，從進入ＧＥ開始，衡量員工的就是他在ＧＥ的業績，是為ＧＥ所做的貢獻，公司看重的是員工現在及今後的表現而非他過去的經歷。所以對任何員工而言，一切必須以業績為導向。高績效是好員工的顯著標誌，沒有績效，再聰明的員工也會被企業所淘汰。

或許有人抱有這樣的僥倖心理，和老闆搞好關係就萬事大吉了。的確，老闆很重要，和老闆搞好關係也很必要，但是沒有一個老闆會白白養一個只會與自己套關係，而沒有工作業績的員工。即使你是知名學者、教授，老闆也會因為沒看到你的工作業績而對你亮出紅牌。

不要指望有什麼藉口可以替代業績，也別希望借助自身的其他優勢來「遮罩」老闆對業績的追尋，只要你身在其位，業績就是你必然的選擇。

三年前，小芳進入現在所屬的公司，這幾年裏她從未遲到或早退過，更別提請假曠職，即使是身體不舒服或者家裏有事，她也會想方設法的按時出現在自己的辦公桌前。工作上，只要上級交給的任務總是第一時間完成，力求完美；人際關係上，不論是與上級還是和同事，她都恭敬有加，客氣且溫和，可以說，這三年中她的敬業精神和為人都無可挑剔。一天午餐時間與同事閒聊，她意外知道才來四個月的女同事年終獎金竟然比自己多了一倍，而且還有可能要晉升，此時小芳的心情五味雜陳，這幾年來自己的敬業和付出在上司眼裏竟然抵不過四個月工作的女同事，委屈、惱怒、辛酸、痛恨一起湧上心頭。幾天後，公司會議室的業績展示欄，張貼了最近一個季度的業績情況，看到新來的女同事的業績，小芳的嘴巴都無法合攏，那個女同事的業績超過了公司任何人，而且是以往沒有過的，可謂是公司業績史上的創紀錄，於是，小芳明白了，在以利益為導向的企業中，沒有什麼比工作業績更重要。

既然業績這麼重要，那怎樣才能取得理想的業績，讓自己的職業生涯前途一片光明？

出色的業績絕不是口頭上說說就能得到的。要吃櫻桃就要先栽樹，要想收穫第一步就是付出。出色的業績需要人們在工作的每一個階段，都能找出更有效率、更經濟的方法。在工作的每一個層面，找到提升自己工作業績的重點。

積極改進。很多人由於對工作不太熟悉，只是一味地盲目服從老闆的命令。優秀員工不會這樣做，其實也不應該如此，優秀的員工從不把老闆的指令當作「聖旨」。比如，他們接到一項明確的任務，如果在老闆的指令之外，還有另外一條更好的途徑可走，他們會主動請示老闆，尋求積極改進。運用他們的推理和說服力，動之以情，曉之以理，闡述自己的看法，讓老闆相信：即使工作未照自己所想的進行，也一定會被另一種更好的方法完成。

主動請願。老闆有時會被公司事務纏得焦頭爛額，甚至手足無措，優秀的員工能夠明察秋毫，並且在適當的時機主動站出來，為老闆解憂。特別是在公司事務一籌莫展，老闆迫切需要幫助的時候，他們不會像膽小者那樣袖手旁觀，而是積極挺身而出，危難時刻施以援手。

主動進取。二十一世紀的今天，是一個充滿競爭、機遇與挑戰的時代，更是一個以績效論英雄的社會。在這種殘酷、壓力重重的環境中，每個公司只有時刻以業績的增長、競爭力的增加為目標才能生存。而要達到這個目標，公司員工就必須與公司制定的長期目標保持步調一致，而真正能做到「一致」的，只有那些主動進取、不斷上進的優秀員工。主動進取並不是要緊跟老闆步伐，緊隨其後，那怎樣才算是真正的主動進取？

主動進取的關鍵在於制定富有挑戰性的績效目標。要想不斷提高自己的業績，光有敏感的業績觀是不夠的，還必須為自己制定具有挑戰性的績效目標。那些不斷取得出色業績的員工在與同事競爭的同時，重要的是他們在不斷的自我挑戰，超越自我，實現更高的目標。因此，富有挑戰性的目標對於提高業績至關重要。做沒有目標的工作，不但時間悄無聲息的溜走，而且慢慢會讓你形成馬虎、應付了事的工作態度。另外，沒有目標的激勵，工作效率也會降低。只有訂立了明確的業績目標，你才會從思想上堅定自己擁有優異業績的信心，才會堅定全力以赴達成預定業績目標的意志，以至最終取得令人滿意的業績。

除此之外，每天的自我反省、自我檢查也很重要，這讓你在牢記要達成目標的同時還能實現自我完善。工作中經常會出現這樣的情況，一直在忙碌卻忘了目標，結果時間沒有了，等發覺時卻已接近最後期限，目標自然就無法達成了。為了保證目標的完成，同時能夠自我完善，每天記錄自己的成績並重申目標非常必要，只有這樣才能保持持續強勁的戰鬥力。

古語說：「英雄不問出身，用才只問成就」，所有企業都是依據一個人在工作中所取得的業績來權衡他的工作能力。在當今社會，高學歷、高職稱等不再是衡量人才的唯一標準，而真正有才之人也不是這二者的簡單相加。如果一個人不能為企業帶來經濟效益，創造出色的業績，就算他擁有博士學歷，也只不過是賺得企業更多工資的頭銜而已。企業競爭越來越激烈，而其核心還在於人才的競爭，而人才的價值就鎖定能有多少業績，能為企業創造多大的經濟效益，這也是企業追求利潤最大化的直接展現。

企業中，很多職位看重的是結果，業績決定一切，只有把能力及時轉化為業績才會更好的在企業立足。

職場箴言：

不論你在哪個企業或者何種職位，老闆關注的始終是你的業績。用業績說話，用突出的業績贏得老闆的讚許，換取你職業生涯中的更上一層樓。

老闆只看重結果

工作中，老闆關心的事不是出現了什麼問題，應當怎樣去解決，他們關注的只是問題有沒有解決，有沒有一個確定的結果。員工的工作過程在老闆眼中被淡化，因為老闆沒有足夠的時間關注工作過程中每一個細節的變化。你給他一個驚人的結果，遠比告訴他這項任務很艱難更有說服力。

在奧林匹克運動會中我們強調參與而非結果，但各國在獎牌的爭奪上依然「硝煙味十足」；在你曾經參加的學校、公司的運動會上，別人看重的也是你有沒有取得名次，而非你流了多少汗。工作中更是如此，你的工作結果可以帶來效益，能為公司創造價值，老闆看重的就是這個。

不過，在完成工作任務這個問題上，很多人有一個錯誤的觀念，認為自己只要完成了老闆交代的任務，就是創造了業績，得到了結果，實際上並不是這樣。任務只是結果誕生的前提條件，它不僅不能代表結果，有時還會成為工作中的托詞和障礙。在職場中，你必須要明白一個基本的不等式：完成任務≠結果。

結果遠比工作過程更重要，工作中，老闆看的是業績，要的是結果。因此，作為一名優秀的員工應當認清自己的工作使命，做公司發展需要的事，把問題留給自己，把業績留給老闆。實際工作中能夠意識到這一點的人其實很少，總是有一些「懷才不遇」的人，他們身上具備很多優秀的品質，他們也充滿激情和夢想，可是他們總是做得不盡如人意，也得不到老闆的賞識，相反，總有一些看似比他們平庸的人獲得成功。原因何在？

實際上，這是因為他們只關注自己「我做了什麼」，而不關注自己「我做到了什麼」，他們只懂得統計自己的工作量，而不知道老闆和公司真正需要的結果是什麼，那句「不在乎結果只享受過程」對於工作、老闆來說是不適用的。理所當然，他們也無法取得讓老闆滿意的業績。

員工在工作中會面臨很多要求，其中最基本的要求就是提供需要的結果。老闆安排你做一項工作，實際上是想要你提供這個工作的結果。但是很多人卻陷入了一個心理陷阱：認為公司與員工之間，不是公司之間的那種討價還價的交換，因此認為公司與自己之間不是商業交換，而是「一家人」。所以只要做事盡力就算是有業績了，至於是不是達到了公司想要的結果，那就不是自己所關心的了。

事實上，認為在工作中對任務負責，而不是對結果負責，這是對自己工作價值認識上的錯誤想法。要知道，雖然公司與員工不是在每一件事上，都採取直接討價還價的關係，但員工應當清楚地知道，自己既然拿了公司的薪水，就應當提供相對的價值。只有抱著這樣心態去理解自己的工作，才能解決好工作上的問題，完成自己的工作使命。

工作中有很多人只看到一份工作的許可權和職責要求，而看不到這個職位背後所承載的意義和作用，即工作使命。對工作使命的認識不清就會導致這樣的結果：很多員工雖然很擅於「執行任務」，但仍然是將一大堆的問題留給了公司和老闆，這也就是「做什麼」與「做到什麼」之間的矛盾。

賈先生是一家知名管理諮詢公司的業務經理，他習慣每次在接受客戶委託前，先去拜訪該客戶公司的高階主管。在詢問了一些有關業務委託方面的問題之後，賈先生總要向這些高階主管提些諸如：「你們公司現在聘用的員工數量是根據什麼作出的」之類的問題。據賈先生統計，大部分主管的回答是：「我負責的是財務」，或「我主管的是銷售」，還有一些人回答是：「我掌管的員工是一百人」，只有很少的一部分人才會說：「我的責任是向管理者提供決策所需要的正確資訊」或者是：「比去年的任務量提升三〇%是我的責任」。

這兩種不同的回答反映了人們對待工作價值認識上的差異，正是這種認識上的差異導致了把問題留給老闆，還是把業績留給老闆這兩種行為上的差異。那些清楚自己工作使命，把業績留給老闆的人比較看重貢獻，他們會將自己的注意力投向公司及個人的整體業績，而不是自己的報酬和升遷。他們的視野廣闊，在工作中，他們會認真考慮自己現有的技能水準、專業，乃至自己領導的部門與整個公司或公司目標應該是什麼關係，進一步，他們還會從客戶或消費者的角度出發考慮問題。這是因為，不管生產什麼產品，提供什麼服務，其目的都是為了幫助消費者或顧客解決問題。

那些把業績留給老闆的員工會經常自我反省：「我究竟做到了什麼」，這有利於他們提高工作責任感，充分發掘自己具備但還沒有被充分利用的潛力。相反，那些把問題留給老闆的員工不懂得反省：「我究竟做到了什麼」，他們不清楚自己的工作使命，只知道將任務完成就可以交差了。這種心態致使他們不但不能充分發揮自己的能力，而且還很有可能把目標弄錯，以致南轅北轍。

你有沒有這樣的感受，**工作要達到的結果就像學生時代的成績，沒有不關心成績的老師，也沒有不看重結果的老闆。不管你上課是否注意聽講，回家是否完成作業，只要你的成**

績總是頂呱呱的，老師就會放心你，順便還會戴一頂高帽給你，「聰明」、「有慧根」。職場中更是如此，工作結果直接促成業績、效益的提升，老闆有什麼理由不看重？如果你還在過程與結果中徘徊，如果你還在工作過程中自我陶醉，趕緊醒過來吧，別再看老闆的臉色，為自己爭取一份燦爛的笑臉。

坦誠接受回饋。績效考核是對你的工作結果做出評價，也是老闆對你工作是否認可的表現。此時，你要做的就是準備好並且願意接受。記住，你所聽到的評價通常是為了幫助你更好地開展工作。不論對此你有多大的異議，都請保留，坦誠接受這一結論。當然，老闆可能也會對過去一段時間內你的所作所為有一個評價，傾聽他的意見，如果自己有需要說明的，在會後的某個恰當時間與老闆進行溝通。這樣，你不僅表明了自己，還拉近了與老闆的關係。

制定行動計畫。花點時間體味老闆的評價，根據你的職位職責及過去你工作中「只耕耘沒收穫」的實際情況，來制定一個具有可行性的行動計畫。尤其要注意的是，一定要標明過去工作中你的不足，如何避免重蹈覆轍。

行動中收穫結果。既然有過以前的教訓，工作中就應該有意識的提醒自己，哪些可以有效加快工作進程，哪些可以儘快達到工作目標，哪些是取得結果所必須的環節，一定要有所選擇、取捨，以取得完滿的工作結果。

如果一朵花凋謝後是一粒果實，你是不是很欣喜？工作也一樣，沒有結果的工作不但是老闆所不願意看到的，即使是自己，時間長了也會落寞，因為你找不到一個新的起點，沒有實現職業生涯的提升。只有你一步一個腳印，在已有成績的基礎上不斷前進才會有所提高。與此同時，老闆對你的器重也會隨之而來。

職場箴言：

不管你曾做過哪些努力，理想的結果才是老闆最渴望的。記住，在沒有滿意的結果前，任何人都沒有說服力，結果才是你的價值所在。

功勞比苦勞更有含金量

人在工作中沒有苦勞，只有功勞，而老闆所看重的也是功勞帶來的效益，而非因有苦勞主動邀功。職場中，經驗與資歷固然重要，但這並不是衡量能力的標準，有些人所自詡的十年業界經驗，不過是一年經驗的十次重複罷了。年復一年地重複一種工作，固然很熟練，但可怕的是這種重複已阻礙了自己的成長，扼殺了想像力與創造力。正所謂勞苦未必功高，只有功勞才能解決工作中遇到的實際問題。

企業裏，很多員工總是唯命是從，從來不主動解決問題，大多數與「沒有功勞，也有苦勞」的舊觀念分不開。他們看起來總在埋頭苦幹，在「窮忙」，但忙了半天卻連自己都不知道在忙什麼，也忙不出任何結果，只能用一句：「我做了份內的事」來為自己找回面子。

現代企業越來越講究效率和效益，企業要想生存發展，關鍵要樹立「結果意識」的理念，以實現結果為工作最終也是唯一的目標。對於這種環境下的員工來說，只有能夠解決實際問題的功勞才更有含金量，老闆也是普遍重視有傑出績效的員工，「沒有功勞，也有苦勞」的評價標準早已經成為過去式。

老張經過數十年的努力，終於從一名普通的財務人員坐上了財務總監的位子，享受著優厚的待遇。老張是老員工，論資歷在公司很少有人能與他相比，這也養成了他居功自傲的毛病。後來，公司陸續進了一批新人，財務部也進了一個知名財經大學的畢業生。為了讓新員工儘快適應工作職位，公司上級要求老員工要儘量幫助新人。身為財務部的負責人，老張也口口聲聲說要多幫助這些新來的員工。

很快，老張就感受到了一種壓力，因為新進員工的工作能力很強，除了懂財務、行銷、外語和電腦，還曾經獲得全國珠算比賽的大獎，這讓老張產生了莫名的恐慌。別說幫助別人，自己有時還得向這位新進員工請教一些問題。經過一番考慮，老張下定決心對他實施「全面遏制」政策：處處為他設置障礙，盡量不讓他接觸核心業務，甚至連電腦也不讓他碰。

可是這並沒有難倒這位新進員工，經他手的帳目照樣做得漂漂亮亮。幾年來，新進員工忍辱負重，工作上一絲不苟，精益求精，想抹殺都抹殺不了。相反，老張自己做的一些帳目卻頻頻出錯。深思熟慮後，公司決定由新進員工擔任公司財務總監，老張負責內務。

十幾年的老員工難道抵不過幾年的新兵？也不是，老闆看中的是個人的功勞以及由功勞帶來的業績。如果你是老闆，難道你不喜歡能為你帶來效益的員工，非要眷顧低頭做事沒有結果的人嗎？這個職場故事在企業中屢見不鮮，對於現代企業來說，看中功勞是企業生存目的所在。

聯想集團的核心理念之一，就是：「不重視過程重結果，不重苦勞重功勞」。這個理念，是在公司成立半年後開始提出的。當時，聯想剛剛創業，大家都有為工作拚命的幹勁和熱情，但光有幹勁和熱情，並不能保證財富的增加和事業的成功。公司資金並不多，如果沒用好，出了問題，有可能夭折、破產。所以，公司不再強調服從、勤奮、忙碌，而是強調貨真價實的績效，強調解決真正的問題。正是在這種理念的感召下，僅僅十二年時間，這家由幾個知識份子組成的公司成長為知名的大企業。

美國汽車業巨擘福特，也是一個效率的倡導者。他被譽為「把美國帶到流水線上的人」，是一個酷愛效率的天才，他對績效、結果的高標準要求，早已在業內傳為美談。他總是對手下們說：「工作一定要有更高的結果，工作一定要有更高的效率。」

要提高效率，就必須找出那些阻礙效率提高的問題，並徹底的把它們消滅。一個多世紀前，一位年輕人，透過一件小事，深刻地體會到，從平凡單調的服從性工作中也能創造績效，建立大功勞，只要你發現了問題的所在並去解決它。

當今企業中，有很多無用的「忙人」，他們每天「忙忙碌碌」地上班，「踏踏實實」地工作，不惹麻煩，不出亂子。然而，在不知不覺中，工作早已在他們那裏成了一團僵局，問題也不知到底積壓了多少。在他們「忙碌」的表象之下，問題被掩蓋了，成了時刻都會爆發的火山。這樣的「勤懇」，只不過是種假象，沒有實質的內容。事實上，工作時間長並不一定與業績成正比。老闆最看重的是工作的品質，員工能給他帶來多少利潤或節省多少花費，至於你要花多少時間做到，這是你自己的事。很多人似乎永遠不明白這一點，儘管他的工作內容塞得很滿，可是裏面有一大堆不重要的事情，根本無法令老闆滿意。換句話說，他的精力消磨在很多瑣事上，對正事卻失去了敏銳的感覺而顯得很不在意。

想要有良好的工作心態，首先要有講求績效的工作觀：不要苦幹，要實幹；不要徒勞的忙碌，要使問題得到解決。俗話說：革命不分先後，功勞卻分大小。企業需要的是能夠解決問題、勤奮工作的員工，而不是那些曾經作出過一定貢獻，卻跟不上企業發展步伐的員工。

身在職場的人或即將進入職場的畢業生們，都必須懂得：「沒有苦勞，只有功勞」是現代企業的生存法則。試想一下，如果你在工作的每一階段總能找出更有效率、更經濟的辦事方法，你就能不斷提升自己，才有可能被委以重任，成為公司不可或缺的人。

在一家企業，有一名清潔女工，不懂任何技術，平日裏只是一個為大家做好衛生環境，默默無聞甚至不起眼的人。有一天她居然跟大家說，她把工廠裏的一台出了故障的進口設備給修理好了！大家半信半疑，追問之下，她才滿懷自豪地說，是她把自己懂得修理這類進口設備的表弟找來幫忙修好的。她流露出來的成就感，彷彿比自己親自動手解決了問題的感覺還要好！

有人對她說：「妳的精神可嘉，但那也不能算是妳自己修好的呀。」

她反問：「問題是由我來解決的，如果不是我請表弟過來幫忙，他自己怎麼會跑來修理？機器會自己好起來嗎？這不就等於是我做的嗎？」

正當大家在暗中嘲笑她如此不可理喻時，老闆到了。當他聽了大家的討論後，卻對那位清潔女工大加讚許，「她說得有道理。並不是非要親自動手才算是自己的功勞，只要結果是因她而得來的，就應該算是她的成績！所以，我認為她說得很對，值得嘉獎！而且我號召所有的員工都向她學習，因為這是一種做事的方法和態度！成功企業都提倡『功勞重於苦勞，結果重於過程』，所以，我們一定要學會如何更節省成本地獲得好結果。」

這位清潔女工做了那麼久的工作，可是沒人注意到她；她只是費了口舌請表弟修好了設備，卻得到老闆的肯定。當今社會，絕大多數企業都是以績論功，以功論酬，不關注過程，只在乎結果，誰能為企業帶來效益，誰就是英雄。

海爾集團管理法，總結起來可以用五句話概括：總帳不漏項、事事有人管、人人都有事、管事憑效率、管人憑考核。「管事憑效率」就展現了肯定功勞，不認苦勞，更不認疲勞。海爾要求全體員工每天必須進步一點點。在行業競爭策略上要求一定要比對方快一步，如不能快一步，快半步也行，員工每天必須有進步。只有承認功勞才會有進步，承認苦勞的後果只能是退步。

在海爾，「無功便是過」。海爾有一個定額淘汰制度，就是在一定的時間和範圍內，必須有百分之幾的人員被淘汰。這在某種意義上來說比較殘酷，但對企業長遠發展還是有好處的。企業的各項工作必須追逐效果，沒有效果的工作至少是對人力和時間的浪費，當然還可能有資金和其他的浪費。沒有效果的苦勞，對於企業又有什麼益處呢？

在沒有功勞的時候，強調苦勞毫無意義。苦勞只是一個循序漸進的過程，而功勞才是業績的具體表現。**在市場經濟條件下，文憑再高，工作再努力，如果沒有業績，沒有功勞，一切都將是空談。**

試想，一個公司的全體員工都非常勤奮，非常敬業，但最終企業產品銷售不出去，無從盈利，企業將如何生存？**所以，功勞比苦勞更有含金量，抓住這個不變的法則，才能在職場中遊刃有餘。**

職場箴言：

別再抱著「沒有功勞也有苦勞」的陳舊觀念了，苦勞再苦也只是一個過程，只有功勞才能得到老闆想要的效益。趕快把苦勞轉化為功勞吧，這才是職場聰明人的做法。

和老闆的關係至關重要

在公司裏，最重要也是最先要考慮的關係——與你老闆的關係。老闆有權聘請你，就有權開除你，你沒有必要來改變他或她的方式來適應你的態度與價值觀。換句話說，你要努力工作來適應老闆，在不違背基本原則的前提下，和他或她處好關係，這對你的工作開展將大有裨益。

曾經連續三年被評為部門「銷售業績之星」的葛小姐，近日接到了公司HR部門「不予續聘」的通知，問及其中原因，她回答說：「在公司裏，與老闆處好關係比做什麼工作都重要。」用葛小姐的話來說，唯一有資格對你業績進行綜合評判的是你的頂頭上司，你的銷售額再高，如果與主管處於對峙狀態，主管也會從「團隊建設、是否安心本職」等其他方面挑出毛病，讓你無法安心工作，最終導致銷售業績下滑。換句話說，如果你不屬於嫡系人馬，又不會討好上司，即便像老黃牛一樣勤懇，你的業績評估也不會好到哪兒去。

於是有些人根據類似的事件得出一個結論：在公司裏，與上級處好關係要比專心一致提高業績更重要，因為與主管親近，比較容易立足，且能得到發展機會。的確，和老闆搞好關係有時能換來晉職、加薪這類好事，但這並不是唯一目的和結果。

張小姐原來一直以為，只要憑著踏實本分和做事努力，就一定能夠提高業績，獲得公司和客戶的認可，所以她總是在拚命工作。但奇怪的是，收效並不與付出成正比。偶爾一次，她發現老闆也在做這個工作，但比自己和其他同事更有效率，可是他並沒有比其他人更賣力，為什麼會這樣呢？為了明白原因，當別人都與老闆刻意拉開距離時，張小姐卻主動去找他，不懂就直接跑去問，甚至爭取成為老闆的助理。當了老闆的助理以後，薪水沒增加，工作量反而倍增。別人休假時，張小姐還在加班。但辛苦得來的收穫就是，跟著老闆學到了許多面對大客戶的方法，跟在旁邊看事情，視野也變得不一樣，還明白了為什麼老闆會如此高效率——對大部分的公司而言，爭取新客戶是重點工作。但在他的公司裏，盡可能與現有的大客戶維持長久關係才是英雄。

不久後張小姐確信，與老闆親近未必只為拍馬升職加薪，保持良好溝通與交流，對提高業績有很大的幫助，也會增長很多見識。職場人應該同時發展業績和與老闆的關係，現在多數企業都在努力培養員工的團隊合作精神，而與老闆關係的正確、恰當處理可以說是團隊合作精神的一個核心。那些只一味強調憑藉自己努力，不依靠與老闆關係的人，往往會與整個團隊顯得格格不入。

Dr. Ronald Yeaple（羅奈爾得・耶頗博士）的《高薪俱樂部》告誡上班族，在職業生涯中，單單與老闆搞好關係並讓他成為你的老師還不夠，因為僅憑一個人的專業、經驗和視野及人際關係可能不夠寬廣，對個人的成長助益也是有限的。一個渴望成功的人，需要不同的良師，將各領域的良師，擴展成良師俱樂部，隨時在旁指點，讓你不至於在職場中走得跌跌撞撞，在嚴酷競爭的職場中脫穎而出，晉升之路也將走得更順暢。

羅奈爾得・耶頗博士強調：這個良師俱樂部的成員不但包括你的老闆，還包括直屬上司，公司內其他部門的主管，他們可讓你更瞭解公司正在發生什麼你上司不知道的事；可能的話，還要包括其他同行業（但不同公司）的高層主管，他們可以幫助你瞭解業界最新的動態，甚至可以分享有關職位的機密。

從這個意義上來講，不論在公司內還是在公司以外，與上司搞好關係已經成為創造優異業績並取得事業輝煌的重要條件。

當然，不同性質的企業也有所不同。一般來說，日資、韓資、台資、中資企業等級觀念比較嚴重，講究下級對上級的絕對服從，員工若急於表現自己的想法，忽視了上級的感受，可能會造成提議尚未實施就會被上級「扼殺在搖籃裏」，因而在這些企業裏，搞好與上級的關係是首要的，這關係到一個根本問題──員工能否在公司立足。在一些比較開放的歐美企業，公司比較注重員工個性的發揮及其最終的工作結果，只要業績優秀，員工在公司的地位就會較高。在許多處在發展階段或轉型階段的企業裏，提升銷售業績意味著更多的獎金和提升機會，因而做好業績比搞好人際關係重要的多。

其實，和老闆搞好關係，並不是說你要隨時隨地的出現在他身邊，而是要及時和他做好溝通。企業裏每個人都有不同的職位職責，而企業裏與老闆接觸的常常都是些核心員工和處於管理階層的員工。許多有能力有潛力的員工缺少與老闆見面、被老闆瞭解的機會，同時這類員工更缺乏與老闆的溝通，這樣一來，許多員工就無法實現與老闆的雙向溝通和瞭解。自然，晉升、加薪、重用等等方面的機會也就處於劣勢。

但是，員工需要發展平臺和發展空間，員工中的「野心家」也是不乏其人，這就更應該自己創造和爭取與老闆進行接觸的機會，如果連機會都沒有，那麼你即使有天大的能耐，沒有機會表現，豈不真正成了埋在土裏的金子，光再強就是照不到老闆的眼睛裏，倘若再加之上級主管的壓制不推介，這樣勢必使許多優秀員工長久的無出頭之日。

因為下屬太過敬畏以致於跟老闆有溝通的心理障礙，畏懼權威的結果，老闆只好獨來獨往，其實在大多數情況下，他都不願意扮演這樣的角色。老闆們也是血肉之軀，不希望別人拿他當外星人。主動抓住與老闆相遇的機會，比如電梯、餐廳、走道等，輕鬆面對，便會漸入佳境。上司、同事會對你刮目相看，在老闆眼中你自然也會比其他躲得遠遠的人親近許多。

在這親近機會中，及時、準確、有效地溝通是非常必要。把自己面臨的困難和需要老闆協助解決的問題一一列出，這絕對不是表示你能力不夠，而是為了更好地完成工作。否則，個人的能力固然被發揮到極限，情緒和體力上的壓力也達到極點，一旦被觸發，將會造成可怕的崩潰，這絕對不是長久、持續性的職業之道。透過溝通才能使你的上司瞭解你的工作作風、確認你的應變與決策能力、理解你的處境、知道你的工作計畫、接受你的建議，這些回饋到上司那裏的資訊，能讓上司對你有個比較客觀的評價，並成為你日後能否提升的考核依據。

個人的事業成功在初期，主要依靠自身的教育背景和職業能力，上升到中高期時，情商就是一個重要工具。現代的老闆有著獨特的眼光，阿諛奉承，諂媚作態，即便引起老闆的注意，也只能是那些平庸的老闆。只有正確把握與老闆的關係，才會既推銷了自己又提升了工作。

無論我們從事什麼職業，都要把它看作是自己的事業，把自己看做是一家公司，而自己就是這家公司的經營者。公司的盈利來自於為顧客創造價值，盈利的大小取決於你為顧客創造價值的大小。身為工作者，老闆就是你的顧客，而且是最大的客戶，因為他在花錢購買你的服務。從這個角度來說，老闆無疑是你的第一大客戶，你也應該把老闆當作第一顧客。如果你把老闆當成第一顧客，那麼你就要學會推銷自己；同時想辦法增加自身的價值。把老闆當作第一顧客，是以一種積極的態度來看待自己與老闆的關係。如果按照「顧客是上帝」的行銷理論，你就不會責怪老闆的嚴厲和挑剔了。

同時，與老闆搞好關係也要把握尺度，這才是真正的現代職場情商。

黃小姐是一家貿易公司的總經理秘書，總經理不惑之年，成熟穩重。黃小姐的好友曾開玩笑說黃小姐和她的老闆是「郎才女貌」，但是黃小姐卻非常理智。她說靠與總經理過於親密而抬高身價，實為對自己的蔑視，也會被人瞧不起。出於工作需要，黃小姐要關心總經理的身體，比如及時提醒他吃飯等等，但是黃小姐對這種出於善良本能的關心，把握得非常好。在與總經理的日常交往中，太過私人的話題黃小姐盡量避及，諸如總經理與妻子吵架之類的事從來不打聽，一些非集體性質的活動也盡量不與總經理一同參加。既要和總經理適時溝通，在工作中默契的配合，又要保持適當的距離，以免引起不必要的誤會，這是黃小姐做秘書的訣竅。有了這些訣竅，黃小姐在工作上不斷取得進步。

之所以要和老闆保持適當的距離，一個重要的原因就是老闆畢竟是老闆，他需要一種絕對的權威，需要下屬對他的認可、敬畏和服從。這也是一個老闆的價值和尊嚴所在。有些人認為只要和老闆像朋友一樣相處就會安然無恙，實質上是走入了一個錯誤認知。

在瞭解老闆的性格前提下，找個好方法緩解老闆可能會有的壓力；有機會認真傾聽老闆的不滿或牢騷；婉轉表達工作中自己的建議；能夠充分理解老闆的用意而不是故意挑剔，積極合理化解客戶抱怨，這些都會悄悄拉近你和老闆的關係，讓他感覺你不但是一個有能力的員工，也是一個善解人意的人。

和你的老闆搞好關係，永遠是職場人必須熟記的生存守則。升職也好，加薪也罷，你的前途和命運有絕大部分的「股份」掌握在老闆的手裏。

職場箴言：

把老闆放在第一位，他決定著你職場中的生死。業績、功勞很重要，但皇帝一樣會殺掉那些有蓋世業績卻與自己唱反調的臣子。和老闆搞好關係，在融洽中工作、進步、升職，是一件更美好的事。

及時和老闆分享想法

正在和朋友休假的喬治突然接到了老闆的電話，原來老闆認為他策劃的一期欄目不太理想，要求他重新來過。頓時，喬治惱怒不已。此前，他一直試著和老闆溝通，但每次看到老闆皺起的眉頭，他就立刻打消了念頭，於是他認定自己和老闆理念不合，總是自己悶頭工作，完成後再等老闆修修改改。朋友看出了他的不開心，聽完喬治的抱怨，朋友說：「你和他分享過自己的想法嗎？把自己的看法說給他聽，不要看到老闆說不，你就停下或不開口，或許他也想聽聽你的看法，畢竟每個人的想法都是不同的。」喬治仔細想了想，似乎自己還真沒有和老闆深入交流過，每次一聽到他說，「好吧」、「這恐怕不行」，自己就立刻洩了氣。於是，整理了一下關於這期欄目的想法，喬治第一次主動拿起電話打給老闆，向他解釋了如此策劃、選題的原因、目的、用意，電話那頭的老闆從未有過的用心、認真，還夾雜著不時的讚嘆。當然，最後喬治還是繼續他美好的假期，後來，他開始和老闆不時的說出自己的想法，才發現老闆有很多看法、愛好和自己相同，他們一起分享，而這在以前是喬治不敢、也不願想的，因此喬治的工作局面似乎也越來越順利。原來和老闆分享自己的想法，是這麼美妙的一件事！

老闆是一個特殊的人，他管理著眾多部屬還要處理大大小小、又繁瑣又重要的諸多事務，如果你不主動與他溝通、交流，分享一些看法，你在他心中就是一個盲區，他不知道每天你都在做什麼，或許很大程度上他不放心你，要嘛你無所事事，要嘛你在處心積慮的對抗他。同時，老闆也是一個再普通不過的人，每天面對很多的人和事，他也有煩躁、焦灼、不安、傷心、苦惱的時候，也有解決問題的壓力，他希望有屬下積極為他出謀獻策，也希望與下屬們多溝通。如果你主動和他分享自己的想法，讓他看到你站在他身邊，可以想見，老闆是多麼欣慰。有什麼好的意見、建議、想法，就大膽地發出自己的聲音，讓老闆知道。

如今生活步調變化極快，每個人的想法和感覺也各不相同。如果想要老闆瞭解你，你就必須抓住適當的機會，將自己的想法和願望及時主動地表達出來。可能你有很深的資歷，能力也很強，但只要你是下屬，你就只能在上級的支持和允許下工作。如果沒有這種支援和允許，你將無法工作，更不要說創造出成績了。作為下屬，你應該及時向老闆彙報工作進程：

工作正在進行中，工作預計會延期或者工作已經完成。作為員工，你的聲音一定要讓老闆聽見，這一點很重要。

不要以為和老闆分享自己的想法就是在套關係，工作中每個人都需要理解、肯定和支援。透過和老闆的交流，你知道了他的想法、公司的發展規劃，這對你下一步工作的開展是有百利無一害的。當然，可能你們的想法會不同，甚至相悖，但溝通讓你們相互瞭解彼此的真實想法，也會解開工作中的很多小疙瘩。而當你與老闆分享自己的想法時，他會把你當成自己人，認為你是忠實於他的，對你特別信任，這對你工作的開展是不是很有益處？不過，可能你會說，這些我都懂，可是我怎麼也跨越不了一些障礙。

比如說：不認同公司制度或做法卻不敢言。不認同卻不敢說，想必是職場中人的痛苦根源。許多想法只能悶在心裏，或者找朋友吐苦水，就這樣，怨氣一天天的累積，最後，在提辭呈的那一天終於爆發。等到老闆挽留時你才發現，原來他並不是那麼頑固，而所有不滿的現狀，也不是那麼不可改變的。

其實，大部分的老闆不會對提出良好建議的員工反感，與那些默不作聲的員工相比較，他們會認為你是個有頭腦、有責任心的人。而且，不必等到你的想法完全成熟才講出來，因為你們的角度不同，你百思不得其解的問題在上司那裏可能迎刃而解，而你的一句建議可能正好是他百忙中疏漏的問題。所以想到什麼就說出來吧，否則你可能要等到十年以後才開口。

既然和老闆溝通這麼重要，怎樣做才能恰如其分呢？

1、適當的時機。通常早晨剛上班的時間老闆是最繁忙的，而快下班的時候又是他疲倦或者心煩的時候，顯然這兩個時候都不是最好的溝通時機。不過，無論什麼時間，如果他心情不太好的話，奉勸你最好不要打擾他。

2、適當的地點。老闆的辦公室當然是最好談工作的地點，但是如果他經過你的座位，突發奇想要就某個問題與你探討；或者你們剛好同搭電梯，而他又表現出對你工作的興趣時，也不失為溝通的好場所。

3、提供極具說服力的事實依據。推廣一項新的提案或者提出改進現有工作制度、程式的建議，你一定要有足夠的說服力，不能給老闆留下一個頭腦發熱、主觀臆斷的印象；提案中不能缺少的是真實的資料和資訊。事實勝於雄辯，這個道理可以說明一切。

4、預測質疑，準備答案。當然，對於你的建議和設想，老闆可能會提出種種質疑，如果這時你吞吞吐吐自相矛盾，你的成功機率會大大減少，同時還會給他留下你邏輯性差、思維不夠縝密的印象。和他溝通前，最好充分預想老闆可能有的疑慮，並一一準備答案，這樣你就可以胸有成竹地站在他面前了。

5、突出重點。先明白老闆最關心的問題，再想清楚自己最想解決的問題，交談時一定要先說重點，因為老闆的時間是你難以把握的，如果你東拉西扯，可能這就是一次毫無意義的交談。

6、切勿涉及他的短處。老闆就是老闆，不管你的建議多麼完美，你也只是站在自己的角度考慮，而老闆要統籌全局，他要協調和考慮的角度是你不曾涉及的。因此闡述完你的建議後應該給他留一個思考的時間，即使他猶疑或否定了你的建議，也不要出現傷及老闆自尊的言行，這不單是對老闆的尊重，也是你的涵養和素質的整體展現。

有句話說，心有多大，舞臺就有多大，但對大多數職場中人來說，心往往很大，但舞臺有多大呢？這就取決於老闆對你的態度了，而這態度很大程度上還是來自於你平時和他的溝通程度。與老闆溝通是否順暢，除瞭解他的性情、心理之外，還有一些小因素不能忽視的，這些都是保證有效溝通的重要因素。

如果你在獨立運作一個項目，別忘了每隔一段時間向老闆發一封e-mail，告訴他你最近的工作進展情況，哪怕加點其中的趣事也不錯。發郵件也有個講究，有時是白天發，有時是夜晚發，這樣老闆能感覺到你一直在努力工作，並且非常重視與他的溝通。

老闆有時需要員工想一些新招，提供有新意的「點子」，可能這些「點子」不一定被採用，但也能給老闆思考問題或做出正確決策提供一個新的思路。

與老闆溝通，一定要力爭給老闆簡潔、有力的報告，切莫讓淺顯和瑣碎的問題煩擾他，但重要的事還是必須請示。

與老闆交談時，不要虎頭蛇尾地說話，不把最後一句話說清楚，會給老闆一種有氣無力的感覺，甚至使老闆懷疑你的工作能力。

只要你開口說出了你的想法，可能你的眼前就會大亮。

職場箴言：

你工作的全面開展與老闆密切相關，為何不及時與他分享自己的想法，為你工作的順利進行打開一扇天窗？

第三章

公司裏這些話千萬不要說

辦公室是一個複雜的地方，正所謂：「人上一百，形形色色」，什麼樣的同事都可能存在，加上同事之間有某些利益的衝突，因此相處起來並非容易。如果遇人不淑，你將麻煩不斷，所以謹言慎行是很重要的。

工作場合，有些話千萬不要說，謹防「禍從口出」。為此，我總結出不該說的五種話，希望職場人士迴避之。

同事很有可能出賣你的話

被出賣的感覺許多人都明白，一旦被出賣，感覺全世界都騙了你，感覺你只是工具，你被人利用了，從尊嚴和人格上都被污辱了；而同事之間的出賣更是家常便飯。許多人不懂要問：同事究竟是相互扶持的夥伴？還是彼此纏鬥的豺狼？如果把職場比喻成為一片汪洋，每個在海中奮進的泳者，除了鍛鍊自己的泳技實力，也要顧慮海水起伏的潮汐；行有餘力，還可以當個救生員來拉同事一把。然而並不是任何人都可以勝任救生員的工作，畢竟想要救人，得先學會自救。熱心的救生員或許曾救過無數的人，然而，也有救生員在執行救人任務時，慘遭對方拖下水。曾經在職場上有過被同事出賣經驗的人，沒有不為自己捏把冷汗的。別以為平日同事對自己照顧有加，就可以不顧一切的為他掏心掏肺；害人之心不可有，防人之心不可無！

在實際生活中，許多人都有一個通病，就是在閒暇的時候喜歡議論他人，但是千萬要記住，議論也要分場合和對象。在午休時，或是在閒暇的時候與同事聊天，不注意說了關於上司和公司的壞話，說不定就會被誰聽到了；結果傳到了上司的耳裏，上司對你的態度就會有很大的轉變，這種事在現實生活中確實不少。這也就是人們常說的「禍從口出」。所以，和同事之間不能議論上司，一定要注意這一點。

同事之間的相處要把握好尺度，不要全部交心，即使是關係非常要好的同事，相互發一些有關上司的牢騷，也是不明智的行為。同事之間應該是相互勉勵、相互促進的關係。但關係非常好的幾個同事聚在一起吃飯喝酒，談論的話題總是圍繞在公司和上司的，總愛發表一下對公司或上司的意見或不滿。

在工作過程中，因每個人考慮問題的角度和處理的方式難免有差異，對上司所作出的一些決定有看法，在心裏有意見，甚至變為滿腔的牢騷，有時也是難免的，但就是不能到處宣洩，否則經過幾個人的傳話，即使你說的是事實也會變了調變了味，等上司聽到了，便成了讓他生氣難堪的話了，難免會對你產生不好的看法。

前不久小張抱怨說自己被同事出賣了。他們兩個是同時進公司的，工作表現也相差不多。面臨嚴峻的經濟形勢，公司有裁員的打算，由於他們是好朋友，所以無話不談。在一次吃飯的過程中，他對自己的同事說：「最近人心惶惶，一點也沒有工作的心思。所以我就在上班時玩遊戲打發時間。」這個同事非常好奇地問，難道不怕被老闆發現嗎？他沾沾自喜的說自己有妙招，玩的是隱蔽性很強的某某遊戲。

可想而知，他的同事為了保住自己的飯碗，便將這件事告發了。就在他遊戲玩得正酣之時，老闆站到了他的電腦面前。鐵證如山，他無言以對。只能看到憤怒的老闆離去，並且等待著被開除的消息。

這個時候，朋友已經不是朋友。職場是一個利益場合，「朋友」這個概念顯得非常脆弱。如果口無遮攔，恣意妄為，則可能會給自己鑄成大禍。

是的，在職場上對自己沒有好處的話，或者自己違反紀律的話最好不要講，因為這純粹是一種愚蠢的行為。

同樣，涉及公司商業秘密的話也不要隨便外傳，無論是出於什麼樣的目的。這樣的話說出去以後，一樣會招來「殺身之禍」。小陳的親身經歷也許可以讓我們想到什麼。

小陳放棄了原本發展不錯的公司，與上司一起跳槽。因為他是上司極力推薦的人選，新公司老總還算器重和信任他，把一些較為重要的工作放心的交給他去做，這讓他很欣慰。尤其讓他高興的是，只要他一從老總辦公室出來，同事們就對他親熱起來，問東問西。時間一久便發現，原來，大家總是想從他口裏套到有關公司的機密。為了和大家打成一片，他就把一些事告訴了大家。但後來他發現，如此的「犧牲」並沒有換來同事的真心。有一天同事在背後說：「一個連老闆都敢出賣的人，一定不是什麼好人，誰敢和他走得近！」聽到這種話，他欲哭無淚，也很心寒。讓他更沒有想到的是，竟然有同事將他所說的秘密告訴了老總。老總知道後非常憤怒，一個自己如此信任的人，卻可以隨便將公司未公布的機密透露出去，一怒之下，便將小陳開除了。

透過這樣的經歷，我們可以知道，其實出賣自己的也許不是同事，而是自己。如果自己不是那麼信口開河，隨便亂說，也不會被別人抓住把柄了。

有一個寓言故事是這樣的。

森林裏，狐狸垂涎刺蝟的美味很久了，但一直苦於刺蝟的一身硬刺，狐狸是一點辦法都沒有。

刺蝟和烏鴉是好朋友，有一天，刺蝟和烏鴉聊天，烏鴉說很羨慕刺蝟有這麼好的鎧甲，刺蝟經不起烏鴉的吹捧，忍不住對烏鴉說：「我的鎧甲也不是沒有弱點。當我全身蜷起時，腹部還有個小地方不能完全蜷起。如果朝那個小地方吹氣，我受不了癢，就會打開身體。這個秘密我只跟你說，千萬要替我保密，要是傳出去被狐狸知道了，那我就死定了。」烏鴉信誓旦旦地說：「放心好了，你是我的好朋友，我怎麼會出賣你呢？」

不久，烏鴉落在了狐狸的爪下。就在狐狸要吃烏鴉時，烏鴉想到刺蝟的秘密，就對狐狸說：「你放了我，我就告訴你刺蝟的死穴。」於是狐狸放了烏鴉，後果可想而知。

其實，真正出賣刺蝟的是自己。牠生活在一個充滿危險、弱肉強食的森林裏，能保護牠的只有一身硬刺，為呈一時口舌之快，把自己的破綻告訴了烏鴉。

職場猶如戰場，每個人也許都有自己那層別人所不能擁有的「鎧甲」，這是自己安身立命的根本。即使面對關係頗好，跟自己沒有直接利益關係的同事，也是不能隨便說出去，否則這位同事遇到困難之時，也許會將你的這個秘密作為交換的籌碼，來取得自己的利益。

自己都不能替自己保守的秘密，又怎麼能要求別人替你保守呢。所以，保護自己是非常重要的。在工作中，可以與同事抱著交朋友的心理，但事事要留三分，話到嘴邊繞三圈。

有位做母親的內心感覺很苦，因為她與自己上小學的兒子不能溝通。她苦口婆心地與兒子談，卻總是沒有效果。

這一天兒子在學校又惹事了，母親卻突發因為咽喉發炎而失聲，當她拉著孩子的手與他面對面坐下時，她內心很急、很氣，但卻無法說出聲音來，只是緊緊地將孩子的手握在手裏，看著他很久。

第二天兒子對母親說：媽媽，妳昨天什麼都沒說，但我全明白了。

出乎意料的效果，讓母親熱淚盈眶。

是的，有時候沒有聲音強過有聲音。在職場上，為什麼不讓自己多做事，而少說話呢？所謂「禍從口出」，如果少說話，不但不會有被同事出賣的危險，而且更不會因為你說的少，就不能表現自己。大多數上司看中的是你做了什麼，而不是你說了什麼。

所以，在職場上，凡事都要有分寸，說話要有分寸，談論事情要分場合，議論他人要看對象。一次無心的議論也許會變成他人的成就跳板，對自己無疑是一大壞處。對於不該說的話堅決不要說，哪怕自己憋的不行，也不能輕易在同事面前抱怨或者傾訴，可以找自己生活中的朋友或者同學、親戚來排解內心。

職場箴言：

1、職場上的同事，可以是朋友，但當利益來臨之時，朋友的關係也會隨之變質。

2、不要事事都掏心掏肺似的告知他人，因為總有一天也許這會成為危害自己職業安全的殺手鐧。

3、老闆是一個人，而不是神，他不能眼觀四面，耳聽八方，他相信員工所告發的事情，或者經過自己親自調查後會相信，所以不要輕易給同事留下告密的把柄。

揭別人「短」的話

「逆鱗」一說可能許多人並不太瞭解。逆鱗就是龍喉下直徑一尺的地方，傳說中的龍身上只有這一處的鱗是倒長的，無論是誰觸摸到這一部位，都會被激怒的龍殺掉。人也是如此，無論一個人的出身、地位、權勢、風度多麼傲人，也都有不能別人言及、不能冒犯的角落，這個角落就是人的「逆鱗」。

因為每個人都有各自不同的成長經歷，都有自己的缺陷、弱點，也許是生理上的，也許是隱藏在內心深處不堪回首的經歷，這些都是他們不願提及的瘡疤，是他們在社交場合極力隱藏和迴避的問題。被擊中痛處，對任何人來說，都不是一件令人愉快的事。無論是什麼人，只要你觸及了這塊傷疤，他都會採取一定的方法進行反擊，以便獲取一種心理上的平衡。

「揭短」，有時是故意的，那是互相敵視的雙方用來攻擊對方的武器。「揭短」，有時又是無意的，那是因為某種原因一不小心犯了對方的忌諱。但是總體來說，有心也好，無意也罷，在待人處世中揭人之短都會傷害對方的自尊，輕則影響雙方的感情，重則導致人際關係緊張。

張小姐在某機關辦公室上班，她性格內向，不太愛說話。但每當就某件事情徵求她的意見時，她說出來的話總是很「刺」人，而且她的話總是在揭別人的「短」。

有一回，自己部門的同事穿了件新衣服，別人都稱讚「漂亮」、「合適」之類的話，但當人家問張小姐感覺如何時，她直接回答說：「妳身材太胖，不適合。」甚至還說：「這顏色妳穿有點豔，根本不合適。」

這話一出口，便使得當事人很生氣，而且周圍大讚衣服如何如何好的人也很尷尬。因為，她說的話有一部分是事實，比如說該同事真的有比較臃腫。雖然有時張小姐會為了自己說出的話，不討人喜歡而後悔，但她還是照樣說出讓人接受不了的話。久而久之，同事們把她排除在團體之外，很少就某件事去徵求她的意見。

儘管這樣，如果偶然需要聽聽她的意見時，她還是管不住自己，又把別人最不愛聽的話給說出來。

在公司裏幾乎沒有人願意主動搭理她，張小姐自然明白大家不搭理她的原因。

我們常說瘸子面前不說短、胖子面前不提肥、「東施」面前不言醜，對讓人失意的事應盡量避而不談。避諱不僅是處理人際關係的技巧問題，更是對待朋友的態度問題。尊重他人就是尊重自己。為自己留口德，避免「禍從口出」，這是張小姐極需改進的地方。

通常情況下，人在吵架時最容易暴露其缺點。無論是挑起事端的一方還是另一方，都是因為看到了對方的缺點並產生了敵意，敵意的表露使雙方關係惡化，進而發生爭吵。爭吵中，雙方在眾人面前互相揭短，使各自的缺點都暴露在大庭廣眾之下，無論對哪一方來說都是不小的損失。有人曾經舉過這樣一個例子來說明相互揭短的副作用。

某公司的一個部門裏有兩位職員，工作能力難分伯仲，互為競爭對手，誰會先升任科長是部門內十分關心的話題。但這兩個人競爭意識過於強烈，凡事都要對著幹。快到人事變動時，他們的矛盾已激化到了不可收拾的地步，好幾次互相指責，揭對方的短。科長及同事們怎麼勸也無濟於事。結果，兩人都沒有被提升，科長的職位被部門其他的同事獲得了。因為他們在爭執中互相揭短，在眾人面前暴露了各自的缺點，讓上級認為兩人都不夠資格提升。

辦事聰明的人會及早預料到上述的結果，不會冒冒失失地挑起爭端，反而會做好表面文章，讓對方覺得你對他是富有好感，凡事為他著想。《菜根譚》中有句話：「不揭他人之短，不探他人之秘，不思他人之舊過，則可以此養德疏害。」只要你對他人心存厭惡，再巧妙的方法也不能掩蓋，而假裝出來的友善終有一天會讓你自食其果。

任何一個人都是可以成為敵人也可以成為朋友的，而多一些朋友總比四面樹敵要好。把潛在的對手轉化為自己的朋友，這才是最好的辦法。打人不打臉，罵人不揭短。言論自由的現代社會，人們一樣也有忌諱心理，有自己與人交往所不能提及的「禁區」。對讓人失意之事應盡量的避而不談，為自己留口德，就是避免了「禍從口出」。

在辦公室中，尤其是那種當面揭短的話更是不能說，這樣不但使同事之間的關係惡化，還可能造成更為嚴重的後果。

無論是揭別人的短，還是與別人相互揭短，在很多情況下並不能朝著自己所理想的方向發展。尤其是當面揭別人的短，更是後果嚴重，如果這個人是自己上司的話，只能捲舖蓋走人了。

但事實是，有些人認識到揭短的害處，甚至會奉勸自己的朋友，自己卻在行為上不能克制，只能提醒別人而不能提醒自己，這同樣是很危險的。

在一座小城裏，有一個老太太每天都會坐在馬路邊望著不遠處的一座高牆，總覺得它馬上就要倒塌，很危險。於是看見有人朝那裏走過去，她就善意地提醒：「那座牆要倒塌了，離遠著點走吧。」被提醒的人不解地看著她，仍然順著牆邊走過去，但那座牆並沒有倒塌。老太太很生氣：「怎麼不聽我的話呢？」接下來的三天，她仍然在提醒著別人，但許多人都從牆邊走過去，也沒有遇到危險。第四天，老太太感到有些奇怪，又有些失望：「它怎麼沒有倒呢？明明看著要倒的啊？」她不由自主地走到牆下仔細觀望，然而就在此時，牆終於倒塌了，老太太被淹沒在石磚當中，當場氣絕身亡。

是的，為什麼我們不能在提醒別人的時候也提醒自己呢，提醒自己給別人留點餘地、給別人留點尊嚴。每個人都有不足的地方，容許別人的不足，也是對自己的寬恕，因為世界上沒有完人，也包括自己。

職場箴言：

1、不要以為隨便揭別人的短，可以讓自己顯得更加高尚。錯了，這麼做只能說明自己沒有道德。

2、如果想在上司面前透過揭同事的短，來突出自己是極為危險的。

3、如果你喜歡當面揭上司的短，那麼就做好走人的準備吧。

把責任推給別人的話

聽過這麼一個寓言故事，說的是三隻老鼠合夥去偷油。牠們在經過周密而又仔細的偵察後，終於發現了一個裝滿油的油瓶。來到油瓶前，又是一番商議，最終達成了一致的意見：輪流上去喝油。

於是，三隻老鼠採取疊羅漢的辦法，一個踩著一個的肩膀，迅速向上爬……但等到第三隻老鼠爬到第二隻老鼠肩膀上，剛碰到瓶口時，不知什麼原因，油瓶倒了。響聲驚動了屋主，一聲喝令，三隻老鼠倉皇而逃。

回到窩裏，牠們立即召開會議，分析和找尋這次行動失敗的原因，並追究這次行動有關老鼠的責任。

最上面的老鼠說：「第一，我沒有喝到油，剛碰到瓶口；第二，就算是我碰倒了瓶子，但是，也是有原因的，因為我下面的老鼠動了一下。所以，我沒有責任。」

第二隻老鼠說：「我是動了一下，但也不能怪我呀，那是因為我下面的老鼠牠抽搐了一下，我實在沒辦法呀。所以，我沒有責任。」

第三隻老鼠說：「你說的沒錯，我的確抽搐了一下，但我是聽到門外有貓在叫啊，你說我能不抽搐嗎？所以，我沒有責任。」

經過一番討論，大家的一致意見：「責任不在老鼠，而在那隻可惡的貓。」

這個故事，看起來很滑稽，讓我們感覺老鼠們的好笑。但遺憾的是，在我們人類的圈子裏，這樣的故事也是不乏其人的。往往是遇到好事，大家爭功勞；遇到問題，大家推責任。在工作中，出現問題了，往往不是勇於負責、勇於承擔責任，而是想方設法地推卸責任；不是主動地找尋自己主觀的原因，而是千方百計地尋找各種藉口和「挖掘」各方面的客觀原因。

說到這裏，我們不得不思考，責任是什麼？其實責任就是工作使命。我們經常能碰到一些員工把責任視為兒戲，總是讓工作留下缺憾，讓別人來進行修補。其實，你可以這樣做，也可以不這樣做。選擇前者的結果，就是斷送自己更多的工作機會，以至於最後被開除；選擇後者，就能為自己爭取更多的成功機遇，而讓自己步步高升。可以看出，一個員工究竟有無責任，關係到自己的前途。

露絲和凱麗同在一家雜誌社的編輯部工作。她們平時都屬於工作認真積極的員工。有一次，到了截稿時間的時候，她們的任務卻都沒有完成。主編個別找她們開始談話，主編也許就是想瞭解一下延遲的原因，並沒有太多其他的想法。

露絲被叫到辦公室以後，如實地回答了主編的問話。她承認自己因為最近心情不太好，影響了進度，而且保證自己一定會接受處罰，並儘快完成任務。

出來後，露絲沮喪極了。她感到主編冰冷的臉上沒有半絲笑意，這讓她不寒而慄。凱麗看到露絲的表情就已經發覺會大事不妙。於是她在心裏快速地打了草稿，想好了應付主編的話。

進到辦公室以後，沒等主編問話，凱麗就將自己的「草稿」一股腦兒的倒了出來。她說之所以影響進度，是因為她所採訪的對象沒有配合，而且副主編沒有及時審她的稿子等等。

主編沒有再說什麼，就讓她回去了。她心裏沾沾自喜，心想多虧提前思考了一下，沒有讓自己背黑鍋。

沒幾天，雜誌社要任命新的編輯部主任，露絲被主編選中了，而凱麗極為不解。主編的解釋是，一件事情可以反應出一個人的工作態度，透過上次的事件，讓他認識到露絲是一個勇於承擔責任的人，作為雜誌社的中層領導，能夠有勇氣承擔責任是可貴的精神，也是他們所需要的人，而凱麗則正好相反。

對於一家公司來說，最忌諱的就是中層領導推卸責任。有人曾經講過這樣一些經歷和感受：

我們公司的經理總是抱怨老闆不授權，權力太小，無法管理員工。可是遇到真正麻煩的時候，他們會把問題往老闆那推：「您看怎麼辦？」

這些經理不會去想，他拿的薪水比員工多，權力比員工大，那麼問題就應該到他為止，不然老闆要你當經理幹什麼？可是他們總是把權力與責任分開，權力就是拿的錢多，管的人多，沒想過其實權力和責任是對等的，你有多少權力，就要負起多少責任。

在我們公司，人事和財務工作不好做，因為這兩個部門代表公司行使職權，最容易被經理們「轉手」責任。當你正常過問他們事務的時候，經理們會很反感，認為你觸犯了他的一畝三分地，挑戰了他的權力；可是一碰到員工要加薪、預算被削減這樣的事情，他們就會說：「你加薪我是同意的，可是人事部不同意！」、「花這個錢我是同意的，可是財務部不同意！」其實決定是我們跟他們一起下的，但出現問題的時候他們不去與員工溝通，把責任和矛盾推卸到我們頭上。

推卸責任的一個潛在心理意識是，看不見自己的問題。中國有句古訓：「知天、知地、知彼易，知己難。」意思是人可以知道除自己以外的任何事情，就是不可自知。在一個公司裏，中層領導推卸責任的話，則不利於上下暢通。公司內部沒有很好的溝通，會影響一個公司的發展。

一個公司的老闆，如果聽到自己公司的中層領導不斷地推卸責任，要嘛把責任推給自己，要嘛推給比他們職位更低的人，這會讓老闆很反感。

員工有犯錯的時候，但員工直屬上司的中層領導有著不可推卸的責任，不能因為自己不在場，或者因為自己不知道就推的一乾二淨。公司裏當中層管理者開始推卸責任時，首先會傳染給本部門的員工。人都有自我保護的意識，也就像火爐效應所說的一樣，當員工因自己上司推卸責任而導致自己承擔某項工作的責任之後，員工就會慢慢地將自己工作的積極性降至使自己不受到侵害為止。當員工處於這種狀態時，本部門工作開展的難度就會增強，本部門員工的工作效率也會降低。員工的工作行為就會無行中背離工作職位所負於他的職責。

推卸責任就會像一種流行傳染病一樣，慢慢的浸入企業的身體中，一個部門的中層管理者開始推卸責任，如果沒有被及時制止，他將會在某一天的某一刻傳染給另外一個部門的中層管理者。

最後，導致公司的反應速度降為負值。

推卸責任會致使人際關係緊張，沒有人願意承擔責任，但責任畢竟要有人承擔；你不承擔，就是別人承擔，而相互推卸，會使得問題更加複雜，進而喪失寶貴的機會，還可能導致大家都不再貢獻智慧和心力，而且會喪失別人對你的信任。

事實上，是工作就會有失誤或犯錯，甚至可以說，做的事越多，犯錯誤的可能性就越大。身為職場中的職員或者管理者，遇到這種狀況的第一反應，絕對不應是為自己找藉口，推卸責任。杜魯門當選美國總統之後，在其白宮的辦公室裏懸掛著一幅標語：「踢皮球到此為止。」這就是主動承擔責任的第一反應。

職場需要主動承擔責任的人。當某項工作的進展遇到麻煩或者結果不符合要求時，你的第一反應應該是主動承擔責任，而不是替自己辯護，這樣才能讓公司放心，讓別人安心。

職場箴言：

1、遇到事情不要總想著推卸責任，有時候勇於把責任承擔下來，會讓自己有意想不到的收穫。

2、如果你是中層主管，那麼還是學會怎麼承擔責任吧，因為你是溝通上下級之間的橋樑，橋樑中斷的話，是非常危險的。

抱怨工作的話

有一則古老的寓言，或許可以給我們一些啟示。有一個年輕的農夫，划著小船，給另一個村子的居民運送自家的農產品。那天的天氣酷熱難耐，農夫汗流浹背，苦不堪言。他心急火燎地划著小船，希望趕緊完成運送任務，以便在天黑之前能返回家中。突然，農夫發現，前面另外一條小船，沿河而下，迎面朝向自己快速而來。眼見著兩條船就要撞上了，但那條船並沒有絲毫避讓的意思，似乎是有意要撞翻農夫的小船。

「讓開，快點讓開！你這個白癡！」農夫大聲地向對面的船吼叫道。「再不讓開你就要撞上我了！」但農夫的吼叫完全沒用，儘管農夫手忙腳亂地企圖讓開水道，但為時已晚，那條船還是重重地撞上了他的船。農夫被激怒了，他厲聲斥責說：「你會不會駕船，這麼寬的河面，你竟然撞到了我的船？！」當農夫怒目審視對方小船時，他吃驚地發現，小船上空無一人。聽他大呼小叫，厲言斥罵的只是一條掙脫了繩索、順河漂流而下的空船。

在多數情況下，當你責難、怒吼的時候，你的聽眾或許只是一條空船。那個一再惹怒你的人，絕不會因為你的斥責而改變他的航向。

同樣，現實中，我們難免要遭遇挫折與不公正的待遇，每當這時，有些人往往會產生不滿，不滿通常會引起牢騷，希望以此引起更多人的同情，吸引別人的注意力。從心理角度上講，這是一種正常的心理自衛行為。但這種自衛行為同時也是許多老闆心中的痛；牢騷、抱怨會削弱員工的責任心，降低員工的工作積極性，這幾乎是所有老闆一致的看法。

史蒂芬是一家汽車修理廠的修理工，從進廠的第一天起，他就開始喋喋不休地抱怨，什麼「修理這工作太髒了，瞧瞧我身上弄的」，什麼「真累呀，我簡直討厭死這份工作了」……每天，史蒂芬都在抱怨和不滿的情緒中度過。他認為自己在受煎熬，在像奴隸一樣賣苦力。因此，史蒂芬每時每刻都竊視著師傅的眼神與行動，稍有空隙，他便偷懶耍賴，應付手中的工作。

轉眼幾年過去了，當時與史蒂芬一同進廠的三個修理工，各自憑著精湛的手藝，或另謀高就，或被公司送進大學進修，唯獨他，仍舊在抱怨聲中做他討厭的修理工。

在職場中，如果你是真有才能，總有一天是會被老闆發現的，即使老闆不能發現，你也可以透過一些有用的機會去充分地展示自己。一味地抱怨，並不能讓你得到利益或好處，相反，它會讓你失去很多機會，甚至是丟掉工作。

所以，抱怨的最大受害者是自己。在現實工作中，有太多人雖然受過很好的教育，並且才華洋溢，但在公司裏卻長期得不到升遷，這主要是因為他們不願意自我反省，總是懷疑環境，對工作抱怨不休。還有不少人自命清高、眼高手低，他們動輒感到被老闆剝削、替別人賣命工作，是別人賺錢的工具，因而在內心上產生了嚴重的抵觸情緒，聰明才智沒有用來思考如何十全十美做好上級交待的工作，而是整日抱怨，把大好的光陰和精力白白浪費掉了。

不管走到哪裏，你都能發現許多才華洋溢的失業者。當你和這些失業者交流時，你會發現，這些人對原有工作充滿了抱怨、不滿和譴責。要嘛就怪環境條件不夠好，要嘛就怪老闆有眼無珠、不識才，總之，牢騷一大堆，積怨滿天飛。殊不知這就是問題的關鍵所在——吹毛求疵的惡習使他們丟失了責任感和使命感，從而使自己發展的道路越走越窄。他們與公司格格不入，變得不再有用，只好被迫離開。你如果不相信，你可以立刻去詢問你所遇到的任何十個失業者，問他們為什麼沒能在所從事的行業中繼續發展下去，十個人當中至少有九個人抱怨上級或同事的不是，絕少有人能夠認識到，自己之所以失業是失職的後果。

有位企業家一針見血的指出，抱怨是失敗的一個藉口，是逃避責任的理由。這樣的人沒有胸懷，很難擔當大任。仔細觀察任何一個管理健全的公司，你會發現，沒有人會因為喋喋不休的抱怨而獲得獎勵和升遷，這是再自然不過的事了。想像一下，船上水手如果總不停地抱怨：這艘船怎麼這麼破，船上的環境太差了，食物簡直難以下嚥，以及有一個多麼愚蠢的船長。這時，你認為這名水手的責任心會有多大？對工作會盡職盡責嗎？假如你是船長，你是否敢讓他做重要的工作？

但現實情況是，能夠一點都沒有抱怨的人太少了。作為公司的老闆，如果都不允許自己的員工有一絲抱怨也是不合理的。面對沉重的工作壓力以及複雜的人際關係，每個人都需要有個心理的發洩口，如果堵死了，也許並不利於優良氣氛的形成，況且是根本堵不死的。

那這樣的話，應該如何去表示自己的不滿，或者如何能夠在抱怨的同時，不會傷害周圍的上司與同事，還能讓自己可以適當地釋放自己的情緒呢？這是所有人都困惑的問題。

在劉先生以前的公司裏，有個前輩，瘦瘦小小的，算盤打得很快，應對得體，腦袋又清晰。平日他們也會聚在一起數落自己的主管，互相交換被欺壓的心得，傾吐結束之後總是覺得通體舒暢，快活的不得了。但是這位前輩總有一項本事，抱怨歸抱怨，主管交辦的事情他照樣一絲不苟，也不會當著面給對方難堪，他總是說：給他一個面子。這樣的態度，不知不覺也影響了這些後輩，每次感覺委屈，就跟自己打氣，當作給他一個面子，長久下來，這些後輩也感覺自己的氣度越來越寬了，表面上好像吃了虧，私底下卻快樂得很。

可見，抱怨的形式是可行的，但抱怨的本質必須帶著建設性，抱怨的背後要有解決方案，同儕之間的勸說要聽得進去，在職場上，沒辦法樣樣盡如人心、盡如人意，討厭的人總是會出現，討厭的事總是會找上你，抱怨可以稍稍舒緩一時的鬱悶，但抱怨之後各自鳥獸散，收拾殘局的，還是要靠自己。

有些人發現，自己所處的環境實在難以忍受，不抱怨又該如何呢？

其實，抱怨確實是沒有任何作用的，要嘛改變，要嘛尋找突破。

另外，在停止抱怨的同時，對自身的責任也要有更高層次的認識。更高層次的認識會讓你獲得更高層次的動力驅使，使你能夠從內部去觀察，看到每項工作的真正本質。有些工作只從表面看，也許索然無味，一旦深入其中，你就會認識到其不同凡響的意義。當你從工作的平凡表象中，認識其中不平凡的本質後，你就會從抱怨的束縛中解脫出來，無聊厭煩的感覺也自然煙消雲散。

職場箴言：

1、不要動不動就抱怨，這會讓自己失去很多機會。

2、如果抱怨不可避免的話，那麼要找到正確的方法，不能因為抱怨便放鬆了本身工作。

第四章 公司裏這些話一定要說出來

有人說職場中要「見人說人話，見鬼說鬼話」，這看似很有哲理，其實是一個錯誤理念！因為人與人之間說話溝通需要真誠，這種感覺「阿諛奉承」的話，雖然表面上聽者感覺順耳，但是當他一旦回味出來，他就會對你的人品、人格上打個問號的，在職場中一個人的人品、人格是第一財富！所以我們要學會說話，並且要懂得說話的藝術技巧！我們要反思我們的職場環境、工作環境找一些「圈內話」來交流，本著真實，本著真誠來與人溝通，不阿諛奉承，不拍馬屁，更不能說假話。我們在職場中除做到不該說的話不說外，還要真正做到：該說的話必須說。

證明你工作態度的話

有人問三個砌磚的工人：「你們在做什麼呢？」

第一個工人沒好氣的嘀咕：「你沒看見嗎，我正在砌牆啊。」

第二個工人有氣無力的說：「嗨，我正在做一項每小時九美元的工作呢。」

第三個工人哼著小調，快樂的說：「你是問我嗎！朋友，我不妨坦白告訴你，我正在建造這世界上最偉大的教堂！」

相信這個小故事大家都曾經聽過，講述了三個工人不同的工作態度。一個人的工作態度反應著人生態度，而人生態度決定一個人一生的成就。你的工作，就是你的生命的投影。它的美與醜、可愛與可憎，全操縱在你的手上。一個天性樂觀，對工作充滿熱忱的人，無論他眼下是在洗馬桶、挖水溝，或者是在經營著一家大公司，都會認為自己的工作是一項神聖的職務，並滿懷著深切的興趣。對工作充滿熱忱的人，不論遇到多少艱難險阻，都會像希爾頓一樣：哪怕是洗一輩子馬桶，也要做個洗馬桶最優秀的人！

假使你對工作，是被動的而非自動的，像奴隸在主人皮鞭的督促之下一樣；假使你對於工作，感覺到厭惡；假使你對於工作，沒有熱忱和喜好之心，不能使工作成為一種喜愛，而只是覺得其為一種苦役；那你在這個世界上，一定不會有很大的作為。

通用人力資源負責人曾經這樣說：「我們在分析應徵者能不能適合某項工作時，經常要考慮他對目前工作的態度。如果他認為自己的工作很重要，我們就會留下很深的印象。即使他對目前的工作不滿也沒有關係。」

「為什麼呢？這個道理很簡單，如果他認為他目前的工作很重要，他對下一項工作也可能抱著『我以工作成就為榮』的態度。我們發現，一個人的工作態度跟他的工作效率確實有著很密切的關係。」

公司裏通常有這三類人，第一類，只肯做不願說；第二類，不肯做只會說；第三類，既肯做又能說。有過職場閱歷的，哪一類最得老闆歡心，沒有人不清楚吧，那為什麼還要固執的等待老闆放下身段，來殷殷垂詢你的精闢見解，或者光輝業績呢？該「秀」的時候一定不要客氣，而且要「秀」得精彩。

不要以為只要自己努力工作了，老闆就會看得到。老闆他每天要處理很多事情，而且這麼多員工，他到底要關注哪一個呢。很多時候老闆看到的只是一個結果，如果你付出了努力，只悶在心裏，老闆再聰明也會想不到，況且他根本沒有時間、心情去想。所以，抓住機會，大方得體的說出你做了什麼或者你會怎麼做，這些不會增加你的負擔，只會讓老闆記住你。

工作中總會遇到一些突發事件，常常是公司內部沒有考慮周全，而客戶又有新的需要，這時，冷靜、迅速地作出「我立刻去辦」的回應，會讓老闆感覺你是一個工作談效率、遇事顧大局、處理講果斷，並且服從領導的好下屬。也許，你正好下班，也許你與這件事沒多大關係，但犧牲一點時間，卻贏得一份好感，實在是不錯的事，下次如果有重要的機會可能就輪到你了。

老闆最痛恨那些不敬業的人，甚至覺得他們不是在浪費自己的生命，而是在浪費公司的資源，相反老闆最喜歡那些敬業的人。什麼叫敬業，那就是員工把公司當成是自己的，夜以繼日地去維護它正常運轉。

可能你已經連續熬夜把計劃書寫得盡善盡美，儘管你剛剛加班完成兩個月的工作量，可是你不說有誰會知道。正如，你躲在高高的隔牆板後面忙碌，但或許有人會猜測你在偷偷的上網。各層級負責的管理體制，使得老闆對你的工作缺少瞭解，他對你的所有印象，可能都只有來自於部門的彙報。在適當的場合，適宜的時候，展現出你的態度，當然你也可以適當詢問老闆的意見，讓他不知不覺參與到你的工作中來。

辦公室以外的非正式場合，是溝通交流的最好場所。在非正式場合裏，人們通常比較放鬆，不太具有戒備心理，因此更容易互相妥協，和老闆的溝通更是如此。升職加薪的微妙關頭，搭電梯遇到老闆，說上二十秒鐘的話，卻有可能徹底擊敗競爭對手！這可不是跟老闆套套關係就能搞定的，你看人家工作的溝通技巧：「我昨天去看過公司產品的專賣店，顧客對產品反映不錯，但是銷售有一定困難。Marketing部門印的單頁，不是很有針對性，不像上次那麼好。」短短幾句話，讓老闆知道你在工作，拿到了第一手資訊，發現了問題，還提出了建議。非正式場合幾十秒的交談，可能比一個小時辛苦彙報工作，收益還要大得多！

別再抱著只做事不表態的老觀念，找對時機，瞄準老闆，展現出自己的態度。

身在職場，沒有人不懂得態度的重要性，工作態度表明了你對企業的認可、忠誠，很多老闆也教育員工：「要以認真、負責的工作態度走好職業生涯中的每一步，只有這樣才能擁有一個與眾不同的人生。」甚至有位哲人這樣說，就算我們到最後什麼都失去了，但至少我們還能以踏踏實實的態度去工作。於是，很多人都在以認真的工作態度努力付出，但是老闆看到的可能不會是你，而是那個關鍵時刻表明自己態度的同事。如果說踏實工作換來的是你心安理得的拿著一成不變的薪水，那倒無所謂；如果你努力工作又被老闆忽略，而你還在渴望著升職加薪，那就應該抓住機會讓自己站出來吧。

職場箴言：

千萬不要以為自己很引人注目，老闆是不會經常盯著你，所以，關鍵時刻，表明你的工作態度，把你的優秀品質用自己的語言恰當的表達出來，這對你絕對是加分的。

替老闆挽回面子的話

職場是個到處充滿競爭的地方，誰不願意獲得老闆的重用，升職、加薪、出國都能第一個想到你嗎？做老闆永遠的「救生圈」，你離目標就會越來越近。

老闆有著常人沒有的毅力、韌性、思維等，同時也有著常人一般的喜、怒、哀、樂，只因你身不在其位無法感觸罷了。表面上看，老闆與員工是統治與被統治的關係，但實質上是價值交換的關係，老闆與員工的利益不是對立的，而是各自的思維層次與角度不同而導致對立面的形成，員工們總是喜歡那些能提供高價值的老闆，老闆們也總是喜歡那些能給自己提供高價值的員工。做老闆永遠的「救生圈」，你不但為他提供超值工作，而且他會從心裏開始親近你。

意外情況總是在最沒有防備的時候發生，在大多數人都無所適從的時候，那個挺身而出，化險為夷的關鍵人物必然能贏得老闆歡心。要做到其實並不困難，只須處處留心、時時注意就可。

在公司裏老闆指著你罵的時候，極有可能是在罵別人，你一定要忍，否則你當真就壞了大事，不僅自己下不了台，就連老闆也下不了台。當老闆當著公司所有高層開會對著財務發火：「我不是早說了，給大家加薪水，讓你們財務部儘快拿出方案來，為什麼到現在還沒報上來？」財務部經理嘴上說：「我們正在研究呢，可能還需要一段時間。」其實心裏想著，我不是早報去一週了嗎？你沒批還問我們在幹什麼；而在年底時，財務部經理的獎金比去年又略微多了一點，企業裏只有類似這種能擋「屁事」的人，才能在公司有更好的生存。

據說老闆最大的噩夢之一，就是某天所有的下屬都不再唯命是從，集體倒戈。

現實的職場中不乏這樣的事情，老闆的命令，尤其是在涉及原有利益分配的時候失去了效力，下屬陽奉陰違，執行不力，導致老闆地位岌岌可危。這當下若能看清形勢，鼎力相助老闆，你在他心中的份量不言自明。

替老闆擦亮眼睛。老闆是真糊塗，還是裝糊塗，恐怕只有他自己最清楚，但自己付出的努力沒有回報，對每一個認真工作的人，都不能說是無足輕重的傷害。要想辦法讓老闆認真審視你的價值，最直接的辦法莫過於給他挽回面子。

老闆也有說錯話的時候，因為老闆畢竟也是人，不是神。至於，當老闆說錯話的時候，你該怎麼辦，當然沒有一個一成不變的處理模式。至於怎麼應對才好，那就要看老闆的脾氣個性，說錯話的場合，說的錯話可能造成的影響等諸方面的因素，來決定你該採取什麼樣的方法；當然，在考慮應對方法的時候，你在公司裏的地位以及與老闆的關係，也是你應該考慮的因素。

如果老闆說錯了話，不管在什麼場合，這些錯話並不影響你的利益以及你所負責的工作，你都可以採取裝聾作啞的方法，既裝作沒聽見或沒聽明白。這是一種揣著明白裝糊塗的辦法，它可以讓你避免一些是非，也避免讓老闆處於尷尬和困窘的地位。

當然，你也可以採取聽見了，但感到一頭霧水那樣不明究竟的困頓，做出這樣的表情與疑問來要求老闆做更清楚的說明與解釋，這其實是在提醒老闆，透過你沒弄明白的事進行說明解釋，給自己說錯的話做出糾正的一個機會。這也可以說是給老闆架一個梯子，或提一個醒的辦法。

當然，如果老闆說錯話是在只有「自家人」而沒有「外人」的場合，你也可以揪住老闆說錯話的小辮子，然後把這錯話突顯出來，加以誇張放大，然後開一個玩笑，也能幽上老闆一默。生活裏是需要幽默的，幽默能放鬆緊張的氣氛，幽默也能拉近人與人之間的距離。當然要開這種幽默的時候，要看清場合和老闆的情緒，以避免踩上地雷和觸上「霉頭」；那時，可要自討沒趣了。

如果你正在和顧客談一筆非常重要的生意，而你的老闆在中間插了幾句不該說的話，而這些話可能影響生意的成功，你該怎麼應對呢？

這可能是你在工作中遇到的一道棘手難題，一方面老闆決定著你在公司的職位升降和收入高低，而生意的成功與否又直接影響著你的工作績效和收益高低，所以你必須慎重處理，決定應對策略；但從另一方面來看，老闆說錯了話，為公司拾遺補缺，為公司挽回損失，也為你提供了良機。

最不應該做的事，當然是當眾讓老闆丟面子，或事後對同事談論老闆的錯誤，且用嘲弄的口吻讓流言四處傳播，並用貶損老闆的話來證明自己的聰明和機警。這種話總會傳回到老闆那裏，對你的聲譽和前途一定會造成傷害。

身處高位的人，外在很注意公眾形象，內在被尊重的需求很強烈。所以，作為一個下屬，不論在公共場合或者私底下，你不但要在老闆尷尬的時候，風光的給他挽回面子，還要給足老闆面子。

替老闆挽回面子是非常重要的，但如果不講究技巧，其結果可能更慘，所以一定要有技巧的表達自己的看法。

會議上必須真誠的支持老闆提出的建議，哪怕提議中有不妥之處，也不能在會議上講。老闆會不知道有不妥嗎？其實有時是故意留個破綻給大家，給大家留面子，所以不能上當。如果你實在忍不住要講，也要在會議完之後，以一種極其委婉的語氣試探性的帶上一句，這時老闆多半會讓你對這個事情提出建議，既給了你鍛鍊的機會，又保全了自己的面子，同時解決了問題，這才是老闆最希望看到的結果。

部門之間合作，難免會有磨擦。不要理會其他部門的人在老闆面前如何說你，而你絕不能說別人的不好。常說別人不好的人，會給老闆兩種印象：一是工作能力差，自己做不好又推諉責任，以至惡人先告狀；二是在老闆背後搞幫派，剷除異己。即便真的是因為對方工作失誤或工作能力的問題，老闆多半也會以其他事情轉換話題，這時候聰明的你應該順著老闆的意思走，切忌非要個說法不可，將對方一棍子打死。實在要說，起個頭即可，若他表示知道了就應該趕緊打住。給他人留個面子，也給自己留條後路，畢竟今後還要共事嘛，這才是上策。

發現並點明老闆的錯誤，這是非常重要也是非常危險的。切記你的目的不是要證明自己比老闆高明，讓老闆感覺你在看他的笑話，而是先準備好臺階，再讓老闆四平八穩的走下來，顧全老闆的尊嚴，他會對你另眼相看。這樣一來，既挽回了可能造成的損失，又臉上有光，老闆會因為這件事記住你這個人，壞事變成了好事，你只會跟著沾光。

職場中，做一個有心人，平時多觀察多發現，對工作掌握透徹，才能在關鍵時刻為老闆「墊背」。同時，不要為自己的這次行為而邀功、計較，只要時機合適，老闆會給你想要的。

職場箴言：

救人於危難，他會感激你；挽救老闆的面子，就不單是感激，或許還有升職加薪。靈活機動，關鍵時刻做一個能擋「屁事」的人。

讓老闆感到開心的話

美國軍隊規定：軍人不能蓄長髮，而黑格將軍在擔任北約部隊的總司令時，卻蓄著一頭長髮。一名留長髮的士兵看到畫報上登載了一頭長髮的黑格將軍的照片，就趕忙將其剪下來，貼在不允許他留長髮的連長的辦公室門上。為了表示抗議，這名士兵還畫了一個箭頭，並在旁邊配了一行小字：「請看他的頭髮！」

連長看了這份別出心裁的抗議書後，並沒有立即把這個憤憤不平的士兵叫來訓斥，而是將那個箭頭延長到總司令的領章處，也加了一行小字：「請看看他的軍階！」

在企業中，老闆與員工事實上處於一種不平等的地位。**比爾·蓋茲曾說：「人生是不公平的，習慣去接受它吧。」**企業裏，老闆對員工，擁有恩威並濟的賞罰籌碼，員工對老闆除了離開，沒有什麼可以牽制的籌碼，而只能找對方法求生存。及時、恰當的說出那些讓老闆開心的話，也是你職場生存的一種方式。

每個職場人都有所體會，老闆高興不是一件壞事，或者是一件絕大的好事，這時候的你是不是也輕鬆很多，平時不敢對他講的話也能趁機說出來，或許你想了很久關於加薪的話，也能在他開心那一刻說出來，然後順理成章的通過了。既然老闆高興了有這麼多好事，一人開心，大家都開心，為什麼不多說幾句好聽的和耐聽的話呢？當然，你不能只是純粹的拍馬屁，這樣不但是同事，就是老闆也會很反感，所以說話要講究分寸，「潤物細無聲」。

老闆與員工關係學中的明智先哲——Peter F. Drucker在他的書中指出，高估了你的上司，是有益而無一弊的。也就是說，要對你的上司做出較高的評價，因為人的潛意識中，自然會流露出只與你尊重的人達成共識，並對他顯示你的忠誠。但另一方面，你低估了老闆的能力，這也是一種冒犯。老闆一般對此是很敏感的，必然會導致你不能再與他共同工作的結果。

出於維護老闆形象的需要，可能你應常向他透露新的資訊，使他掌握自己工作領域的動態和現狀。不過，這一切應在開會之前向他聊天似的彙報，讓他在會議上說出來，而不是由你在開會時大聲炫耀。

積極工作有經驗的下屬很少使用「困難」、「危機」、「挫折」等術語，他把困難的境況稱為「挑戰」，並制訂出計畫以切實的行動迎接挑戰。老闆喜歡聽到自己的員工鏗鏘有力挑戰困難的聲音，而非怯弱的喃喃不知所語。在老闆面前談及你的同事時，要著眼於他們的長處，而不是短處，老闆聽到自己的下屬如此團結，他的內心會充滿著成就感。

講一點戰術不要直接否定老闆提出的建議。他可能從某種角度看問題，看到某些可取之處，也可能沒徵求你的意見。如果你認為不合適，最好用提問的方式，表示你的異議，如果你的觀點基於某些他不知道的資料或情況，效果將會更佳。這樣你不但為老闆保留了面子，也提出了自己的見解，老闆最少看到了你的兩種優點。

我們常說與人相處要善於察言觀色，察言觀色的目的就是明白他喜歡什麼，討厭什麼。當然如果知悉別人的好惡之後一味奉迎討好，為自己謀一時之利，那純粹成了一個奸邪諂媚的人，將於事無補，卻害人不淺。在工作中明察秋毫，利用你觀察到的，在合適場合說出符合老闆心意的話，豈不是一舉兩得？

不同的老闆有不同的性格，對於職場中的你來說，首先要學會給老闆看「相面」，懂得他的心思，才能說出他喜歡聽的話，討得老闆歡心。

現實中，真正深藏不露的人很少，老闆也有平常人的長與短、雞零狗碎，難免會在工作中流露出來。打交道的時間一長，有心人就能掌握一些老闆的好惡、喜怒哀樂。想做老闆的貼心人，想給他打一針「興奮劑」，你就要伺機而動，對症下藥。一般來說，你需要瞭解他的期待、愛好和憎惡；他的怪癖和偏見；他喜歡在什麼環境裏談事情；他偏愛哪一種工作彙報形式，是精心設計的書面報告還是簡單明瞭的提案大綱；他心情好與不好會做什麼。掌握這些情況並不難，你可以盡量跟他的副手或秘書搞好關係。當你將老闆的這些心思看懂、讀懂後，什麼時候說什麼話，想必你心裏已經很有分寸。

老闆經營一個企業是頂著巨大壓力的，企業不賺錢，他著急；企業賺了錢，他高興一下子，很快又要操心下一輪的經營。做企業就是走上了一條沒有終點的跑道，除非自願退出比賽，否則就要不停地跑下去。不跑怎麼辦？手底下有那麼多人伸手要工資呢。當老闆就一個字：累。要是平常人，壓力大了可以跟朋友訴訴苦，跟家人說說也就算了。而老闆偏偏又是「多疑小心」的，他經歷過太多場面，閱人無數，很難輕易相信誰；如果不小心洩漏了機密被對手抓到把柄，還會損失很多利益。所以，他不但累，而且連個抒發的管道都難找。這個時候，既需要你的用心傾聽，也需要你適時的話，比如俏皮話。

從前有個秀才最擅長對別人說讚美恭維的話，人稱「馬屁精」。秀才死後被打入十八層地獄，閻王命小鬼拘來秀才陰魂，對秀才大聲斥責：「你為什麼專事恭維拍馬？我最痛恨的就是這種人。我要把你割去舌頭，打入地獄！」秀才連忙叩頭說：「大王息怒，小的實在出於無奈，世人都愛聽奉承話，小的不得不如此。像大王您這樣公正廉明，明察秋毫，誰敢說半句恭維話呢？」閻王一聽，怒氣全消，得意地說：「對我說恭維話，諒你也不敢！既然這樣，那就免去你割舌之刑，留在殿中聽候差遣。」

這雖然純粹是個笑話，但職場中事也莫不如此。下屬犯了某種錯誤，老闆責怪下來，下屬一方面要虛心認錯，另一方面也可以靈活機動說些俏皮話，讓上級消消氣。萬一老闆正急得火燒眉毛，你不但不嚴肅對待，還要小聰明玩小幽默，那肯定是要吃苦頭的。

如果你碰到的是那些天生愛聽好話，喜歡在別人的讚美聲中來肯定自己的老闆，那你一定要不吝嗇自己的讚美，也不要厚不起臉皮。只要是老闆需要的，只要是不違背做人原則的，只要是於整體利益無損害的，你就大膽、大方地讚美他。反正企業是他的，最重的擔子也是他的，幫他減減壓，他高興了，大家都會跟著好過。

另外，如果自己取得了成績，別忘了讚美老闆。很多人在講到自己的成績時，會先說上一段客套話：「在上級的指導下，在大家的幫助下」這段客套話雖然沒有什麼新意，卻有很大的妙用：顯示你對老闆功勞的讚美，表明你對老闆的尊重。相反，如果員工在得獎大會上，只知道大談自己的努力與艱辛，絲毫不涉及老闆的幫助，那麼，他會覺得成績都是下屬的，自己受到了冷落，很沒有面子。

聰明的員工在自己立了功時，總是不忘讚美老闆的指導有方，讓其分享成功的快樂。事實上，這種分享不但不會損失員工的既得利益，而且會有助於老闆進一步地重用員工。所以要能夠讓老闆開心起來，因為他是你的衣食父母，他高興了，你在職場的日子就會好過。

職場箴言：

沒有一個老闆不喜歡說話講求藝術性的下屬，說些讓老闆聽起來舒服的話，他開心了，你自然也會有甜果子吃。不要吝惜自己的言辭，技巧的說給老闆聽。

關鍵時刻毛遂自薦的話

為什麼工作勤奮的你永遠不被人注意？為什麼從來沒有獵人頭公司找到你？即使你在行業內已算資深人士，但工作內容還是與剛進入公司時，沒有什麼分別？除非你願意永遠甘居人下，否則必須要設法改變這種現狀了，要想做職場中的英雄，千萬不能坐等時機降臨，要抓住關鍵時機毛遂自薦來創造出有利條件。

我們一向愛把「含而不露」看成是美德，一個人的優點、成績和才能，只能由別人來發現，至於自己，不管你做出了什麼樣的成績，儘管你有著淵博的知識和驚人的才華，也只能說自己「才疏學淺」。如果誰鋒芒太露，就容易招來非議，所以有諸如：「木秀於林風必摧之」、「槍打出頭鳥」之類的說法。人們喜歡恭順謙讓的人，因此，「毛遂自薦」的故事，聽起來總不如「三顧茅廬」那樣入耳。勇於表現自己才華的人，也總不如「謙謙君子」那樣受歡迎。

然而，在當今激烈競爭的年代，一味地做「謙謙君子」，卻有可能成為一大缺點，這個缺點會讓你吃大虧。競爭就是要「競」要「爭」，就是要能說會道，敢於和別人一比高下。人們忍受不了那種吞吞吐吐、羞羞答答的「謙遜」，不要聽那種婆婆媽媽的「自謙之辭」。君不見：精明的企業家招聘員工，聰明的領導者挑選下屬，並不是首先看你怎樣言辭周到，謙虛有禮，而是首先看你有多少真才實學。你應當實事求是的宣傳自己：我有什麼長處，有哪些才能，想做什麼，能做什麼，直來直去使別人瞭解你。這樣，你才能得到應有的機會。

永遠要有這樣的心理準備：如果老闆突然交給你一個任務，並要你在短時間內完成，你必須有兵來將擋、水來土掩的能耐與決心，千萬不可表現出不知所措的恐慌狀，勇敢地接過擔子，你成就的不僅是這項任務更是自己。而一般公司老闆在提拔人才時，主動承擔、積極進取的員工是最獲青睞的。

在現代職場中，默默無聞、埋頭苦幹的人，不一定得到重用，那些敢於承擔，勇於自我推薦的人肯定會有自己的舞臺。所以，一個優秀的員工，不僅要會做事，還要會表現自己，推銷自己，這樣才有機會脫穎而出。絕大多數人都有自己的理想和目標，但人生的第一步是必須學會醒目地亮出自己，為自己創造機會。說到底，這是一種觀念，是主動出擊還是被動選擇？其實，這在很大程度上決定著你的成功與否。

老闆看不到自己的工作成績，確實是件相當鬱悶的事情，總體說來，大多數並不直接在老闆身邊工作。這種情況下，有人選擇跳槽，有人抱著是金子總會發光的信念繼續積極工作，只有真正聰明的人會主動尋求良機向老闆展示自己，以打開工作局面，實現職業生涯的進一步發展和完善。

因此，除了做好本身的工作以外，還要爭取做到以下幾點：

謙虛要區分場合。國人以前受「謙虛使人進步，驕傲使人落後」的影響很深，談到表現就想到「表功」，害怕同事批評自己喜歡表功，說自己驕傲自滿。在這種慣性思維深處，不少人一向以謙遜為美德，不習慣直接地表現自己、宣傳自己。其實，在平時的工作中，適度的謙虛是必要的，比如向上級請示工作，向同事請教，表現出自己謙虛的胸懷，會給人留下一個好的印象，有助於你的成長和進步。但是，在關鍵時刻，如：面臨有挑戰性的任務，如果你感覺能勝任，就要敢於向上級拍胸脯說「我可以」，善於推銷自己的優點和長處，把自己取得的成績告訴老闆和同事等等，如果在這些情況下還要顧及謙虛，那你晉升的良機也會謙虛的從你面前溜過。

適度自我表現。在工作上，想要在職場實現自己價值的提升，除了應努力做出優秀的成績之外，更要適時向老闆展示自己已經取得的成績，展現自己工作中的獨特一面，恰到好處地張揚自己與眾不同的個性，從而讓老闆關注自己，放心地任用自己。這是職場中避免少走彎路、不至「懷才不遇」的一個捷徑。一味被動地等待他人的發現，其實是很不明智的做法。表現自己，當然並不是讓你不論大事小事都要彙報，而是要學會適時地表現自己。在平時的工作中，一些小的環節，也可以讓老闆對你留下較深的印象。這樣，他會認為你是一個勇於承擔責任的員工；當有新的任務要開展時，衡量自己的實力，感覺沒問題的話就可以主動承擔過來，這樣老闆會覺得你是一個敢於挑戰、積極進取的好員工。

保持自信是關鍵。一般來說，坐等伯樂來發現的員工，多少會存在心理上的不自信，甚至自卑等情緒。這些消極情緒，會在一定程度上影響工作業績，影響老闆對自己形象的正確瞭解，從而影響到晉升。自信心來自自己的實力，但同時也來自有意識的鍛鍊。經常保持良好、積極、建設性的想法並暗示自己，就會增強自信心。平時要盡量從「怎麼樣才能做到」這一點上積極思考，而不應圍繞「為什麼無法做到」打轉。腦子裏經常想著「我將要成功」、「我是一位勝利者」，這會增強一個人必勝的信念。

毛遂自薦這一求職方式越來越被人們所接受，有人如願以償，有人屢屢碰壁。除去主客觀因素外，自薦者所採取的策略、方法是否得當也是決定著求職的成敗。所以，在運用毛遂自薦這一招時，最好能獨具匠心、別具一格。要取得毛遂自薦的成功，至少應具備三大要素：膽大心細，適時果斷出擊；及時表現自己的才華能立刻吸引注意；要有真才實學。所以，膽量是前提，技巧是關鍵，水準是保證，三者缺一不可。

現在是一個提倡個性張揚的年代，更是一個需要主動推銷自己的時代，在忙碌、緊張的職場中，老闆只能看到那些主動站在他面前的員工。所以，如果你有足夠的能力，不想這樣無所作為的繼續下去，那就勇敢地站出來吧，告訴你的老闆，我可以的！

職場箴言：

學會自我推銷，敢於毛遂自薦，你才能在職場中立足。在一個適當的時候用適宜的方式推薦自己，除了欣賞你之外或許老闆還會給你意想不到的驚喜。

虧要吃在明處

小王是一家建材公司的銷售工程師，一次接到某客戶的單子，這個客戶是某大型施工企業的經理，這樣的單子真是少之又少。小王給對方報上了公司很合理的建材報價表，但客戶仍然嫌高。為做成這筆生意，小王在沒有對客戶明說的情況下，犧牲自己的獎金，以滿足客戶降低價格的要求。他認為客戶看到價格降下來，一定會明白是自己個人讓利，會感謝自己。他的想法是目前吃點虧抓住這個客戶，做好關係以後，請客戶在其工作的大型工程中幫自己拉幾個建材供應訂單，以便賺得更多。小王的想法沒錯，但實際上是行不通的。他主動放棄自己的獎金，客戶並不會領情，相反只會認為是自己會殺價，這個低價是自己爭來的。而如果小王請他在其他工程中義務拉訂單，他根本不會幫忙，因為幫小王拉的訂單再多，他自己也沒有任何好處。

這個小故事給你什麼啟示？虧要吃在明處，善於吃虧才會有價值。

鄭板橋曾說：「吃虧是福。」這也是國人的祖訓之一，至今仍被廣泛認同與傳揚。的確，有些虧我們可以吃，也有些不得不吃，必須吃；但有些虧，還要虧得有講究，有原則。

魯迅曾經說過：「吃虧對自己是千金良方，對別人可能就是廢紙一張。」

職場中，「吃虧是福」本身是一個利益交換等式，吃虧者並不希望利益白白受損，而是希望用「吃虧」換來「福」，至於什麼是「福」，每個人的見解都不同。所以，用眼前利益的暫時損失去換取長遠的利益，這才是真正意義上的「吃虧是福」。否則，就是吃傻虧。明明白白的吃虧，讓老闆知道你是主動吃虧，認同你的吃虧，感謝你的吃虧，你才能換取職場的柳暗花明。

施先生在公司勤勤懇懇地做了五年，馬上就要升職加薪了，卻一不留神吃了大虧：他出差期間，公司分配了需要指導的新人。等他趕回來，好一點的新人都被別人「認領」了，只剩下一個典型的「歪瓜裂棗」，一個據說只在大專裏讀了兩年就跑出來混的小男生。

人事經理對他說：「這個人是臨時招進來的，你隨便指導指導，不出錯就好了。」

施先生微笑點頭，心裏卻是一頓臭罵，混了那麼多年，還不明白你們的伎倆？就算我嘔心瀝血把他教成了優秀員工，你們也不見得滿意，我要真的隨便，你們還不把我給殺了？再說，晉升職位只有一個，那個小李也在虎視眈眈，如果這時候輸給了他，說不定就輸得一敗塗地。但現在想要贏過小李簡直是太難了，人家指導的新人是知名大學畢業生，還在多家知名企業裏實習過。看來，這個虧施先生是吃定了。

大家都很同情施先生。他指導的那個小男生不是一般的差，很不能適應公司的節奏，一封催貨的英文電子郵件，別人花十五分鐘就可以搞定，他卻要「一指禪」僵硬地在電腦鍵盤上慢慢敲半個鐘頭，每天都要加班兩個小時以上才能完成當天的任務量。施先生為此頭疼得要命，不但自掏腰包買了一套打字軟體送給他，而且每天下班後都要留在辦公室裏陪他加班。好多次老闆從外面談完生意回到公司開會，都能看到辦公室裏燈火通明，施先生還在指導新來的員工。

儘管施先生費盡心力，三個月後新員工試用期考察結束，小李指導的那位新員工的表現還是遠遠超出他指導的新員工。但出乎大家意料的是，施先生指導的新員工雖然遠遠遜色於小李帶領的員工，卻贏得了部門裏唯一一個升職的職位。公司老闆知道這個新員工的素質比較差，也多次目睹施先生指導新員工的場面，他認為施先生肯吃虧，有容人之量，更具有領導者的氣質。

如此看來，競爭激烈的職場中，吃虧難道還真是福了？其實，施先生的聰明之處在於，在人人都知道他吃虧的情況下，他還是利用各種機會主動表現自己的吃虧，尤其是讓老闆看見他的吃虧，終於化被動為主動，化吃虧為福氣了。職場中不怕吃虧，怕的是你吃虧時，大家，尤其是老闆看不到。所以，虧要吃在明處。

在社會中，會吃虧的人才不會吃虧。

古時就有一個例子，陳囂與紀伯為鄰，一天夜裏，紀伯偷偷地將隔開兩家的竹籬巴，向陳家移了一點，以便讓自己的院子寬一點，恰好被陳囂看到了。紀伯走後，陳囂將籬巴又往自己這邊移了一丈，使紀伯的院子更寬敞了。紀伯發現後，內心很是愧疚，不但還了侵占陳家的地方，而且還將籬巴往自己這邊多移了一丈。

陳囂的主動吃虧，讓紀伯感到相當內疚，因此他產生了「以小人之心度君子之腹」的感覺，這就欠下了陳囂的一個人情，即使他還了這個人情，但是每當他想起時，他還是會內疚，還是會想方法報答紀伯。

這個例子雖然不是發生在職場，但對你是不是也一樣很有啟發？在為人處世中，有的人為了息事寧人，往往吃暗虧，結果吃了也白吃，別人不知道或者也不領情。所以虧要吃在明處，至少要讓對方意識到，你這個虧是為他吃的。這樣看起來他得益了，其實，他的內心難免愧疚；而你看起來吃虧了，其實因為寬容，你的內心十分坦然。

《菜根譚》說：「人之短處，要曲為彌縫；如暴而揚之，是以短攻短。」意識到別人有缺點和過失，婉轉地為他掩飾或規勸；倘若去揭發傳揚，用自己的短處來攻擊別人的短處，只能證明自己無知。所以，有時吃虧是文過飾非，既成功的辦成這件事，又讓別人知道是自己彌補了這個不足。職場中要會做人，做個有人情味的人，也要樂得為同事吃虧、遮掩一下。比如，當同事有意或無意在眾人面前犯了錯或冒犯了你，你一定要抱著吃虧的心理，給他個面子，幫他一把，千萬別「暴而揚之」，出言尖刻。大虧能吃，在於面子上的小虧更應照吃不誤。吃大虧，可以讓老闆對你另眼看待，吃小虧，則會讓你避免衝突，與同事相處和睦。

當然，吃虧在明處，還要講究技巧，就像軍事中運用的戰術一樣，有所講究。

一是有勇氣吃虧，即主動性。在眾人不肯吃虧面前，你沒逃避，讓老闆看到你的度量和氣度，即使這次吃虧沒有帶來「福」，也能讓老闆對你刮目相看。

二是有信心吃虧，即目的性。相信有失必有得，有得必有失，生活給每個人都是相對公平的，你得到多少與你付出的多少成正比。別盲目的吃虧，即使這是個小虧，總要有目的，有所得；不然，以後你就是職場中的「冤大頭」。

三是要善於吃虧，即講求對象、方式和方法，這點一定要牢記。清楚的知道什麼樣的虧

「好吃」，什麼樣的虧不需要吃，什麼樣的虧堅決不能吃。有原則有方式的吃虧你才能收放自如，否則就是十足的職場傻瓜，這樣不但老闆容易誤會你，同事也會在心裏小覷你，那你的工作氣氛豈不是「陰雨連綿」？

職場箴言：

不管主動吃虧還是被動吃虧，自己明白也要讓老闆知道，虧吃在明處才真正是福。

第五章 公司最不喜歡的工作態度

工作沒有熱情；做事拖拖拉拉；缺乏責任心；不把工作當回事，喜歡一邊玩一邊工作；看不起自己的公司；這些都是公司最不喜歡的工作態度，也會讓你充滿不滿和抱怨，終日心情黯淡。而良好的工作態度，良好的工作心態，能使你所從事的職業讓人看得起、讓人重視，使你從工作中得到樂趣。要明白，工作不是為了生存，而是要把個人的生活賦予意義，把自己的生命賦予光彩。

一個人熱愛自己的工作，以穩定積極的態度對待工作，就會不斷提高工作績效，鬥志昂揚，且心情愉悅。

沒有工作熱情

微軟公司在招聘員工時，除了必須具備相關的技術技能外，還有一個很重要的標準：被錄用的人必須是具有激情的人——對公司有激情，對技術有激情，對工作有激情。世界一流公司為什麼把激情作為必備的條件之一，公司的人力主管一語道破了其中真相：「我們不能把工作看成是幾張鈔票的事，它是人生的一種樂趣、尊嚴和責任，只有對工作擁有激情的人才會明白其中的意義。」

在任何一家公司裏，沒有哪個人願意和一個整天委靡不振的人交往。同樣，沒有哪家公司願意聘請一個整天提不起精神的人，更沒有一個老闆願意重用一個情緒低落、整日牢騷滿腹的員工，因為職場的規則是：獎賞只屬於那些對工作充滿熱情的人。

熱情，就是永遠保持高度的自覺，就是把全身心的每一個細胞啟動起來，完成心中渴望的事情。熱情是一種強勁的情緒，一種對人、事、物和信仰的強烈感情。人的價值＝人力資本×工作中的熱情×工作能力。工作熱情應該是工作能力的前提和基礎，它可以促進工作能力的提高。有了工作熱情，才會豐富工作成果，才能表現工作能力；沒有工作熱情，成天混日子，那麼只會日漸消沉。

工作中的熱情可有效激勵你實現每日的工作目標，並能重燃成功的希望，推動我們不斷前進，更上一層樓。

所以，在進入職場後，我們要在工作的難度和複雜程度越來越高的基礎上，給自己創造超越自我的機會，才能使自己持續保持工作的新鮮感和動力，持續保持工作中的熱情和使命感，同時也能保持客觀向上的心態。

如果工作有熱情，工作本身就可以成為一種喜樂。有時，即使工作本身讓人很厭煩，只要對某些事情仍然感興趣，而且樂此不疲，就可以繼續快樂地生活。

許多人都把工作看做是苦差事，尤其是做自己不喜歡的工作，更近乎是一種折磨。然而，你想過沒有，一旦沒有任何事情可做的時候，你不僅不能感受到愉悅，反而會感到更加痛苦。愛爾蘭作家巴克萊說：「幸福有三個不可或缺的因素：一是有希望，二是有事做，三是有人愛。」有事做不是造成不幸的因素，而是使我們幸福的一個不可或缺的要素。當一個人全身心地沉浸在自己所熱愛的工作之中時，就會感到前所未有的興奮與滿足，這就是一種幸福。牛頓、愛因斯坦、居禮夫人，這些偉大的科學家，他們投入工作的時候就體會到創造的樂趣，這是一種莫大的享受。無論從事哪種工作，都要能找到興趣和滿足。

兩個農夫的土地只隔了一條水渠，每天兩個人日出而作，日落而息。農夫甲總是垂頭喪氣感嘆命運的不公；農夫乙則總是精神飽滿，唱著曲來，哼著歌去。

一日正午，太陽火辣辣地烤著大地，二人放下鋤頭各自來到水渠邊的大樹下席地而坐。

農夫乙看著那片綠油油的莊稼，興奮地說：「看來今年的收成不會差！」

農夫甲看著農夫乙興高采烈的樣子，十分不理解，對他說：「有什麼可高興的？每天過著土裏刨食的日子，還要看老天爺的臉色！受苦受累換得粗茶淡飯，還能高興得起來？」

農夫乙說：「我們每天沐浴在大自然之中，耕作屬於自己的土地上，看著地裏的莊稼一天天茁壯成長，豐收的希望就在我們眼前。累了，可以在大樹下乘涼；渴了，喝一點山泉水；餓了，老婆、孩子會送飯來！不愁吃，不愁喝，自由自在！負擔一天比一天輕，收成一年比一年好！有什麼好不開心的呢？」

農夫甲看了看農夫乙，沒有再說話，拿過旁邊的飯盒低頭吃起了飯，越吃越沒有胃口。

看著農夫甲不說話了，農夫乙也端起老婆送來的飯菜，津津有味地吃了起來。

就這樣，兩個農夫依然每天隔渠而望，各自做著自己的農務。甲依舊垂頭喪氣，乙依舊精神飽滿。

轉眼到了秋天，農夫乙的莊稼又是好收成，農夫甲的收成則只有農夫乙的六成。

一天，農夫乙正在家裏翻閱農業科技資料，農夫甲走了進來。他說他不想在村裏種田了，準備到城裏打工，問農夫乙願不願意租種他的土地。農夫乙勸了農夫甲半天，希望他好好考慮一下。農夫甲說他已經考慮好了，而且在城裏包工的一個親戚也願意帶他。農夫乙看看勸不住農夫甲，就答應租種他的土地。

自從租種了農夫甲的土地，農夫乙更加辛苦了，不過他依然每天精神飽滿。後來實在忙不過來了，就雇了幾個幫工，然後又租種了一些土地。

幾年過後，農夫乙成了遠近聞名的種糧大戶，不僅蓋了新樓房，兒子也考上了大學。農夫乙依然和所雇的幫工們一起下田耕作，依舊是唱著歌去，哼著曲歸。

農夫甲呢？他在親戚的包工隊裏工作，因為沒有任何特長，只能做一些苦力。長期的粗重體力工作、營養不良加上總是唉聲嘆氣抱怨命運的不公，很快就衰老了。而他自己都不知道，等到自己體力消耗殆盡的時候該靠什麼生活。

可見，熱情無疑是我們最重要的秉性和財富之一。不管你是否意識到，每個人都具有火熱的激情，它是一個人生存和發展的根本，是人自身潛在的財富，只是這種熱情深埋在人們的心靈之中，等待著被開發利用。一個充滿工作熱情的人，會保持高度的自覺，把全身的每一個細胞都調動起來，驅使他完成內心渴望達成的目標。熱情是一種強勁的激動情緒，一種對人、事、物和信仰的強烈情感。

但有時候，不是每個人都能一如既往地保持原有的工作熱情。生活與工作的矛盾無處不在，如何處理好兩者之間的關係，使之平衡，是真理，同樣也是工作中應該秉持的原則。

所以，作為職場中人，關鍵是能夠調整工作態度，當處於心理疲倦期的時候，能夠想辦法調動原有的熱情。

不少人工作了一段時間之後，突然發現自己成了一個機器人，每天重複著單調的動作，處理著枯燥的事物，每天想的不是怎樣提高工作效率，提升自己的業績，而是盼望著能早點下班，期望著上司不要把困難的工作分配給自己。這樣的人，人生的目標只是想過一天算一天，他們不斷地抱怨環境、抱怨同事、抱怨工作，在工作中不思進取，在生活中不求上進，不由得不陷入一個職業的困境中。要想擺脫這種職業困境，唯一的辦法就是喚起自己的工作熱情。帶著熱忱和信心去工作，全力以赴，不找任何藉口。

如果你沒有工作熱情，感受不到工作的快樂，那不是工作的錯。**當工作是一種樂趣時，**

生活就是一種享受；當工作只是一種義務時，生活則是一種苦役。即使真正面臨工作熱情減少的處境，也應該想辦法去調整，去應付，只有如此，才能讓自己快速走出低谷，重新找回工作信心。

職場箴言：

1、熱情是工作取得成功的原動力，沒有了熱情，工作便是一潭死水。

2、如果你發現自己慢慢地失去對工作的熱情，那麼這是很危險，一定要想辦法做好調整，儘快恢復熱情。

拖拖拉拉地工作

正所謂：「明日復明日，明日何其多，我生待明日，萬事成蹉跎。」如果在公司裏，什麼事情都拖拖拉拉，是非常招人厭的。不但主管不喜歡，而且可能會耽誤自己的工作進度或延誤同事的工作。

對於工作中出現的問題，應積極地去尋求解決辦法，儘快處理掉，因為很多時候困難並不像我們想像的那樣難以克服。

有一位老農的農田裏，多年以來橫臥著一塊大石頭。這塊石頭碰斷了老農的好幾把犁頭，還弄壞了他的農耕機。老農對此無可奈何，大石頭成了種田時揮之不去的心病。

一天，在又一把犁頭被打壞之後，想起大石頭給他帶來的無限麻煩，終於決心要弄走大石頭，了結這塊心病。於是，他找來撬棍伸進大石頭底，卻驚訝地發現，石頭埋在地裏並沒有想像中的那麼深、那麼厚，稍使勁道就可以把石頭撬起來，再用大錘打碎，清出地裏。老農腦海裏閃過多年被大石頭困擾的情景，再想到可以更早些把這樁頭疼的事處理掉，禁不住一臉的苦笑。

遇到問題應立即弄清根源，有問題更需立即處理，絕不可拖拉，就像故事中的老農一樣。很多事情並沒有你想像得那麼困難，只要行動起來，你就會在行動中找出解決問題的方法。

其實對於有些人來說，養成拖拖拉拉的習慣是其工作態度問題，而不是天生的工作效率低下。如果一個人，做事情本來就慢，或者由於經驗不足，導致其工作延後則另當別論。但如果是故意放縱自己，散漫對待工作任務，則會成為老闆眼中的不良份子了。

拖拖拉拉的人不但對工作不負責任，而且也是對自己不負責任的表現。在快速發展的今天，效率是所有公司追求的目標，態度是考驗一個員工的標準。所以，不要做那個拖拖拉拉的人。

琳達是一家雜誌社的美編，她全權負責其中一本雜誌的設計排版工作。在這家雜誌社，流程是這樣的：美編設計排版完畢以後，相關的負責編輯才可以校對。

但琳達是一個喜歡做事拖拖拉拉的人，她每天一到下班時間準時回家，即使主編和所有編輯在身邊催她，她都不要緊。有時候別人一不注意，她便偷偷溜回家了。其他人只能望著未設計完成的任務而興嘆。

最後，雜誌流程要結束了。因為琳達的拖拉，大家只能跟著一起加班了。許多不堪忍受的人就找老闆反映了情況，當然最後琳達只能一走了之。

可見，工作中拖拖拉拉，不但使自己難以在工作上有所起色，同時還會影響他人的工作。在別人心中難以樹立起值得信任的形象，自然就很難與他人共處。

如果你已經養成了拖拖拉拉的毛病，那麼還是儘快改進吧。有一些經驗值得分享。

1、制定目標

有些人進入公司以後，沒有自己的人生規劃，純粹是為了拿薪水而工作。沒有規劃和目標，使自己工作的熱情和積極性都大大下降。所以，還是應該確定目標，這樣才能真正具有主人翁的精神，做公司的主人翁，做自己人生的主人翁。一旦確立目標向前之後，在每一階段的成功就犒賞自己；若不幸未達成，也不氣餒、不自虐，照樣安慰鼓勵自己，宣洩一下壓抑鬱悶的心情，徹底的放鬆自己，養精蓄銳再衝刺。因為人畢竟是有血有肉的動物，適當放鬆也是必要的。

2、不要浪費時間

業務員尤其能感受到分秒必爭的壓力。「時間就是金錢」的金科玉律，萬萬忘不得。一件事倘若一次能做完，就不要拖拖拉拉，或者找人幫忙，人多手雜有時反而幫倒忙。試著專心是能減低失敗的機率，也能減少時間的浪費。比如，歐美等國的家庭主婦，常喜歡每週固定一天或兩天開車到大型購物中心，一次就選購全家大小一週的日用品、食物蔬果等；不像我們東方人，每天早晨（大城市則漸改為下班後）都得在市場耗上許多時間挑選，碰上颱風天，抑或重大節日更是人滿為患，排隊結帳又把時間拖延了。又如日本人，晨間的電車上幾乎人手一冊書或報紙充分利用，一到公司、學校可馬上進入狀況，不必再浪費時間去看報紙。

3、適當休閒

「休息，是為了走更長遠的路。」一句耳熟能詳的話，能真正從中領略妙義，而體驗人生的美好者少之又少。一時想不出對策解決的問題，姑且暫擱一旁，出去吹吹風、透透氣，不要讓思路窒息了。

生活規律正常，工作上力求表現，也別忘記休閒娛樂的必要性，否則把自己折磨得像一個繃緊的彈簧，遲早會鬆弛、報廢。工作與休息的時間雖不等量，但是相輔相成。休息時不去想工作，玩得盡興；一旦投入工作，則心無旁騖。

4、偶爾製造一些壓力

人都有惰性，就算一個強人型的領導者，偶爾也會偷懶一下，把不該秘書、部屬做的事也命令去做，這招「瞞天過海」是不會有人察覺到的。即將鬆懈時，人該像鞭策牛耕田一般，鞭策自己向前。

明明是下午下班才需交件的工作，給自己一點壓力，現在才上午十點卻告訴自己，已經下午四點了。面對壓力，精神一集中，往往能激發出無限潛力。

「狗急跳牆」正是這個道理，別讓你的腎上腺素閒置，偶爾喚醒它一下。

5、作記錄

嚴格說來，計畫表的功能是比較粗略大概的藍圖，記錄表就像詳盡的解剖透視圖。記錄就是當日工作、學習的日記。

仔細核對自己今天做了多少事？明白哪些是必要完成？哪些可以緩？讓自己清清楚楚得到訊息，應該用一種像在氣象局上班的心情，天氣變幻瞬間都要詳實記錄，如此觀察才能預估最準確的未來天氣。

6、把工作趣味化

工作本身也是一種學習，那麼就盡量讓這個學習趣味化。

以業務員為例，如果今天約定去拜訪三位客戶，不妨把三位客戶想成水果：蘋果、鳳梨、芭樂，而你喜歡吃芭樂，好，就先去芭樂家，把他們家的一草一物都幻想成芭樂，並且告訴自己：很甜、很好吃，而且一人獨享，心情是不是愉快些呢？

掌握了一些方法之後，才能真正改正拖拖拉拉的毛病。任何的進步都是一點一滴累積而成的，所以不要忽視每一個細節。透過日常的小習慣來讓自己進步。

但矯枉不能過正。有些人工作倒是不會拖拖拉拉，為了盲目地顯示自己的高效率，就潦草地完成工作了事。

一家公司的老闆由於業務比較繁忙，所以決定聘請兩個秘書來為自己分憂。瑞貝卡和大衛有幸被選中。

他們兩人都想儘快在老闆面前表現自己，以得到提拔和重用。

瑞貝卡認為，無論多麼想表現自己，首先把事情做好才是最重要的。於是她告誡自己一定要小心，不可馬虎大意。哪怕為老闆購買車票，她也會細心地裝在一個信封裏，在信封上寫上所乘坐車的座次、發車時間以及到達時間，連老闆在路上所需要的各種檔案和物品等都整理得井井有條，裝在一個檔案夾中交給老闆。使老闆不用費吹灰之力，就能夠找到自己所需要的東西。

但大衛卻完全相反，他認為剛開始工作，一定要提高自己的工作效率，不可拖拖拉拉，給老闆留下不好的印象。

於是，他抓緊每一分每一秒。為老闆購買車票以後，胡亂地用橡皮筋拴住，與其他檔案和物品堆在一起，就匆匆忙忙的交給了老闆。老闆望著桌子上的一大堆東西，甚至都不知道自己要乘坐什麼車次，更不可能知道出發時間和到達時間了。

雖然大衛做事效率是比瑞貝卡高多了，但後來得到提拔的卻是瑞貝卡。老闆們都討厭拖拖拉拉的員工，但同樣不會喜歡那些效率雖高，工作馬馬虎虎的人，因為這樣的人會更容易壞事。

也就是說，矯枉過正，有時候會適得其反。在做好基本工作的前提下，改掉自己拖拖拉拉的毛病才是最重要的，不能盲目地為了提高效率，就不顧工作的品質，這樣也許會釀成大錯。

職場箴言：

1、如果你喜歡做事拖拖拉拉，那麼你是很危險的，還是想辦法改正吧！

2、要改掉拖拖拉拉的毛病不是一朝一夕的事情，首先要端正態度，其次是注意細節。

3、矯枉不能過正，不能為了改掉自己拖拉的毛病，就匆匆潦草地完成工作，使其品質得不到保證。

工作時缺乏責任心

提到責任心，所有人都知道其含義是什麼，但真正做到的人卻並不多。托爾斯泰曾說過：「一個人若是沒有熱情，他將一事無成，而熱情的基點正是責任心。」

在企業中，老闆的主要煩惱都源自員工對工作缺乏責任心。當出現錯誤的時候，往往找不到願意承擔責任的人，好像誰都沒有責任。員工的一切藉口都是為了推卸責任。所以老闆常常會感嘆：人才難得！

對於老闆來說，很多時候他並不需要員工有多麼驚人的才華，只要員工對工作具有高度的責任心就夠了。然而，即使是這樣的最基本的要求，也並沒有多少人能夠做到。

其實，一個人無論從事何種職業，都應該盡心盡責，盡自己的最大努力，取得不斷的進步。這不僅是工作的原則，也是人生的原則。

有一個人到瑞士訪問的時候，在一個洗手間裏，他聽到隔壁一直有一種奇特的聲音。在好奇心的驅使下，他透過門的逢隙向裏探望。這一看使他驚嘆不已，原來裏面有一個只有七八歲的小男孩正在修理馬桶的沖刷設備。一問才知道，是這個小男孩上完廁所後，因為沖刷設備出了問題，他沒有把髒東西沖下去，因此他就一個人蹲在那裏，千方百計的想修理好它。而他父母、老師當時並不在身邊。這件事令這個人非常感慨：一個只有七八歲的小男孩，竟然有如此強烈的責任心。

是的，孩子尚且如此，但對於已經身在職場的成年人，卻屢屢因為沒有責任心，使公司或者同事蒙受損失。

現在經濟形勢不明朗，許多公司都有裁員計畫。所以，對於身在職場的人來說，提高自己的工作責任感，盡量在工作中少出差錯，能夠盡到基本責任的同時，為公司的長遠發展貢獻一份心力，只有這樣才能避免被裁掉的危險。

某公司要裁員，名單公布了，有內勤部的小燦和小燕，規定一個月後離開。那天，大夥看她倆都小心翼翼地，更不敢多說一句話。因為她倆的眼圈都紅紅的，這事發生到誰的身上都是難以接受的。

第二天上班，小燦心裏憋氣，情緒仍然很激動，什麼也做不下去，一會找同事哭訴，一會找主任伸冤，什麼傳送檔案、收發信件這些她應該做的事，全扔在一邊，別人只好替她做。而小燕呢，她也哭了一個晚上，可是難過歸難過，離走還有一個月呢，工作總不能不做，於是她默默地打開電腦，拉開鍵盤，繼續打文件和通知。同事們知道她要離開，不好意思再找她打字了。她特地和大家打招呼。她說：「是福不是禍，是禍躲不過，反正也就這樣了，不如好好做完這個月，以後想幫你們做都沒機會了。」於是，同事們又像從前一樣，「小燕，把這個打出來，快點！」「小燕，快把這個傳出去！」，小燕總是連聲答應，手指飛快的點擊著鍵盤，辛勤的複印著資料，隨叫隨到，堅守著她的職位，堅守著她的職責。一個月後，小燦如期離開，而小燕卻被從裁員的名單中刪除，留了下來。主任當眾宣布了總經理的話：「小燕的職位誰也無法代替，像小燕這樣的員工公司永遠也不會嫌多！」

可見，充足的責任心可以讓自己在關鍵的時刻保住工作。

老吳是個退伍軍人，幾年前經朋友介紹來到一家工廠當倉庫保管員，雖然工作不繁重，無非就是按時關燈，關好門窗，注意防火防盜等等，但老吳卻做得超乎常人的認真，他不僅每天做好來往的工作人員提貨日誌，將貨物有條不紊的放整齊，還從不間斷地對倉庫的各個角落進行打掃清理。

三年下來，倉庫居然沒有發生一起失竊案件，其他工作人員每次提貨也都會在最短的時間裏找到所要提的貨物。就在工廠建廠二十週年的慶功會上，廠長按老員工的級別親自為老吳頒發了獎金五千元。好多老員工不理解，老吳才來廠裏三年，憑什麼能夠拿到這個老員工的獎項？

廠長看出大家的不滿，於是說道：「你們知道我這三年中檢查過幾次我們廠的倉庫嗎？一次都沒有！這並不是說我工作沒做到，其實我一直很瞭解我們廠的倉庫保管情況。作為一名倉庫保管員，老吳能夠做到三年如一日的不出差錯，而且積極配合其他部門的人員的工作，對自己的職位盡忠職守，比起一些老員工來說，老吳真正做到了愛廠如家，我覺得這個獎勵他當之無愧！」

可以看到，只要你在自己的位置上重視自己的工作，踏踏實實地完成自己的任務，不論老闆是否在場，都能做到兢兢業業，那麼你遲早會得到回報。

許多人納悶為什麼自己不能做到這樣。關於這個問題不是能力的問題，也不是素質和道德的問題。有時候需要自己不斷地修練，端正態度。只有態度端正了，才能增長自己的責任心。

一個漆黑、涼爽的夜晚，地點是墨西哥市，坦桑尼亞的奧運馬拉松選手艾克瓦里吃力的跑進了奧運體育場，他是最後一名抵達終點的選手。

這場比賽的優勝者早就領了獎盃，慶祝勝利的典禮也早就已經結束，因此艾克瓦里一個人孤零零的抵達體育場時，整個體育場已經幾乎空無一人。艾克瓦里的雙腿沾滿血污，綁著繃帶，他努力的繞完體育場一圈，跑到了終點。在體育場的一個角落，享譽國際的紀錄片製作人格林斯潘遠遠看著這一切。在好奇心的驅使下，格林斯潘走了過來，問艾克瓦里，為什麼要這麼吃力的跑到終點。這位來自坦桑尼亞的年輕人輕聲地回答說：「我的國家從兩萬多公里之外送我來這裏，不是叫我在這場比賽中起跑的，而是派我來完成這場比賽的。」

沒有任何藉口，沒有任何抱怨，職責就是他一切行動的準則，艾克瓦里的責任使命感讓人動容。

約翰和丹尼爾新到一家快遞公司，成為工作搭檔，他們工作一直很認真努力。老闆對他們很滿意，然而一件事卻改變了兩個人的命運。一次，兩人負責把一件郵件送到碼頭。這個郵件是一個古董，老闆反覆叮囑要小心。到了碼頭約翰把郵件遞給丹尼爾的時候，丹尼爾卻沒接住，郵包掉在了地上，古董碎了。

老闆對他倆進行了嚴厲的批評。丹尼爾趁著約翰不注意，偷偷來到老闆辦公室對老闆說：「老闆，這不是我的錯，是約翰不小心弄壞的。」老闆平靜地說：「謝謝你丹尼爾，我知道了。」隨後，老闆把約翰叫到了辦公室。「約翰，到底怎麼回事？」約翰就把事情的原委告訴了老闆，最後約翰說：「這件事情是我們的失職，我願意承擔責任。」

約翰和丹尼爾一直等待處理的結果。老闆把約翰和丹尼爾叫到了辦公室，對他倆說：「其實，古董的主人已經看見了你們在遞接古董時的動作，他跟我說了他看見的事實。還有，我也看到了問題出現後你們兩個人的反應。我決定，約翰留下繼續工作，用你賺的錢來償還客戶。丹尼爾，明天你不用來工作了。」

缺乏責任感的員工，不會視企業的利益為自己的利益，也就不會因為自己的所作所為影響到企業的利益而感到不安，更不會處處為企業著想。在任何一個企業，責任感是員工生存的根基。

責任心不僅對企業非常重要，同樣地，對於一個人也極為重要。沒有了責任心，也就失去了立於社會的基本點，使自己無法真正成為一個值得尊敬的人。

職場箴言：

責任心是一面鏡子，能夠照出人生百態。如果你想成為鏡子裏最絢麗的風景，那麼就好好把「責任」二字記在心中吧。

一邊玩一邊工作

現在許多上班族到公司後的第一件事就是打開電腦、登錄ＭＳＮ。即時通訊工具正在改變上班族的通話方式。來自媒體的田先生就表示，自己在尋求新聞線索的時候會把ＭＳＮ的名字改成與自己採訪主題相關的名字，總有一些意想不到的收穫。

據智聯招聘的調查顯示，和網路流覽比起來，即時聊天工具的使用率並不高，選擇「有人和我說話，我就會和他／她交流」項的比例是四三・五％；挑選時段上網聊天的比例是二一・七％。

在職場上，像這樣在工作期間玩遊戲、看電影、玩ＭＳＮ的人數不算少數。如果是由於工作需要，或者在不妨礙正常工作的情況下，適當的放鬆，許多公司並不是嚴厲禁止的。但這種行為同樣是公司所不宣導的，甚至是所厭惡的。

請記住，公司請員工來是工作的，而不是來玩遊戲、聊天的，公司已經透過薪酬購買了員工的工作時間，因此公司有權知道員工的上班行為，如果員工用六〇%的時間來工作，剩餘的時間來娛樂，作為公司完全有權收回其他的四〇%的薪水，並要求員工支付他所浪費的公司資源，比如電費，公司形象損失費等等。所以，認為可以一邊玩一邊工作的員工，請謹慎從事。

一邊玩一邊工作難免會影響工作效率。更甚者，有些人因為一邊玩一邊工作，釀成了很大的工作失誤。

小雷是一家KTV的收銀員，他有個極大的愛好，就是玩遊戲。一次在客人付帳的時候，他玩得正酣，一邊玩遊戲一邊收錢，心裏還快樂的感覺自己可以一心兩用。

但沒過多久，那客戶找上門來了。說他多收了人家錢。小雷認真一對，果真多收了。所以，在上司沒有發現的情況下，他對客人好說歹說，最後問題解決了。客人走後，他還暗自慶幸，多虧是多收了，如果是少收了就慘了。

但這次的教訓並沒有讓他記取。類似的錯誤再次出現，這次是他多找給客人錢了。當上司對帳發現後，他無言以對。最後只有兩條路，要嘛自己墊上，要嘛捲鋪蓋走人。

其實上班時候如此不專心是大忌，一邊玩一邊在工作，會顯得自己對待工作不專業，而且責任感盡失。

在辦公室你可能心不在焉的工作，時常遲到早退，拖延工作或者東遊西逛打發工作時間。只是因為你並不促使自己恰如其分地工作，所以你根本就沒有發揮你的潛能。由於你的自制行為有了問題，使你形成了不良的工作習慣，阻礙了你的升遷晉級。善於觀察工作能力的人常怪你為何不能做得更好。起初，上司或許也有點失望和惋惜，可是到了後來也不抱什麼希望了。上司總是想方設法把這種人打發走，或者調到無足輕重的職位上。

如果丟掉工作，你覺得沒什麼。那麼總有一些東西是你在乎的，比如你的健康。

在一些特殊職位上的人，許多由於工作的時候在玩，或者心不在焉而造成嚴重的後果。

這兩天小芳上班一直都不是很認真，總是一邊聽音樂，一邊工作。下午兩點多，機器壞了，然後她就去調整機器，一不小心碰到了氣壓下降的開關，手沒來得急移開，機器就壓了下來，手指當時麻痹了，被邊上的針紮到了手裏，流了好多血。小芳被及時送到了醫院，雖然沒有鑄成大錯，但這次的教訓足以讓她清醒。

還有一些人，在工作中由於一邊做別的事情，讓自己的身體受到了一些傷害，遺憾終生。

所以在職場上，如果想得到上司的青睞，那麼就不要心不在焉。一邊玩，一邊工作的人是永遠不會取得傲人成績的。

職場箴言：

如果你喜歡一邊玩，一邊工作的話，那麼你的職業生涯不會非常出色。改掉這個習慣吧，你會發現你在職場上會變得越來越專業。

看不起自己的公司

眼下有許多人一味的追求高薪與職位，經常對自己所從事的工作抱怨連連，更有甚至瞧不起自己的公司，殊不知，自己已經犯了一個巨大的錯誤。

羅馬的一位演說家說：「所有手工工作都是卑賤的職業。」從此，羅馬的輝煌歷史就成了過眼雲煙。偉大的哲學家亞里斯多德也曾經說過一句讓古希臘人蒙羞的話：「一個城市要想管理好就不該讓工匠成為自由人，那些人不可能有美德的，他們天生就是奴隸。」

當今還有很多人認為自己所從事的工作是低人一等的，他們身在其中，卻無法認識其價值，只是迫於生活的壓力而工作。他們輕視自己所從事的工作，自然無法投入全部心力。正如米盧說過的一句話：「態度決定一切。」所有正當合法的工作都是值得尊敬的。只要你誠實地工作，沒有人能貶低你的價值，關鍵在於你是如何看待自己的工作。那些只要求高薪，卻不知道自己應承擔責任的人，無論對自己還是對老闆都是沒有價值的。

我們的工作本身沒有貴賤之分，但是對於工作的態度卻有高低之別。如果一個人輕視自己的工作，將它當成低賤的事情，那麼他絕不會尊重自己，因為他看不起自己的工作，所以倍感工作艱辛、煩悶。我們許多人不尊重自己的工作，不把工作看成創造一番事業的必經之路和發展人格的工具，而視為衣食住行的供給者，認為工作是生活的代價，是無可奈何，不可避免的勞碌，這是一種非常錯誤的觀念。

當今時代，社會發展為人們提供了很多發展人生和事業的機遇，人們擁有了更多自由的選擇。但是受社會影響，在工作的層面上，許多人開始滋生出了自由散漫、不受約束、不負責任的毛病。他們看不起自己的公司，認為在這個時代裏，謀求自我實現、自我發展、自己創業當老闆是件天經地義的事，但卻忽視了：只有秉持積極負責的心態才能夠讓個人的價值得到實現，也只有具備盡職盡責精神，才會受到別人的重視和提拔。

那些認為自己工作不體面，甚至是丟人現眼的人，他們往往只看到工作的表面，而沒有看清蘊藏在工作背後的價值所在。其實，即使是最平庸的職業也能大放異彩，關鍵是你怎樣去做。一個瞧不起自己的工作，沒有工作熱情的人，不但無法投入全部心力，而且還挖空心思在如何擺脫現在的工作環境上。實際上，如此心態浮躁的人，把他放在任何位置上都難有大的作為。

不能準確給自己定位，終日懶懶散散，只會給我們帶來巨大的不幸。有些人用自己的天賦和自己的勤勞來創造美好的事物，為社會作出貢獻；但有些人卻沒有生活的目標，整天抱怨卻又縮手縮腳，浪費天生資質，到了晚年只能苟延殘喘，本來可以創造輝煌的人生，結果卻與成功失之交臂，不能不說是一個巨大的遺憾。一個農夫，既有可能成為華盛頓類的人物，也可能終日面朝黃土背朝天，一直到老。

看不起自己的公司與工作，就是看不起自己，人如果自己看不起自己，那麼就永遠不可能得到別人的認可與尊重了。

所以，不要瞧不起自己的公司。

據瞭解，許多企業家都有這樣的共識：企業需要的優秀員工，不是說他要有多高的學歷、多好的經驗、多高的技術，而是他對工作是否具有認真負責的精神和積極勤勉的心態！如果一個人，無論是在卑微的職位上，還是在重要的職位上，都能秉承一種負責、敬業的精神，一種服從、誠實的態度，並表現出完美的執行能力。這樣的人一定是企業的最佳選擇。的確，現代職場中的競爭，表面上看像是能力的競爭，而實質上卻是心態的競爭。因為每個人的心態不一樣，所以每個人投入工作的積極程度會不一樣，努力程度不一樣，認真程度不一樣，負責程度不一樣，因此成長的速度會不一樣，提升的速度會不一樣，最終導致每個人的能力不一樣，結果也就不一樣了。

比爾・蓋茲也曾經這樣說：「無論你做什麼事情，如果不擺正自己的位置，不擺正自己的心態，將一事無成。」一個人取得職業或事業的成功，除了聰慧和勤奮之外，靠的就是積極的工作心態，對自己、對工作的責任心。的確，我們常常無法改變自己在工作和生活中的位置，但完全可以改變對它的態度和方式，唯有把它當作一種不可推卸的責任，全力的投入，才能收穫更多的快樂和成功。

凡是真心投入什麼，在生命中就會體驗什麼。這個世界沒有毫無缺點的公司，所以當你看見自己公司缺點的時候，一定要想到別的公司絕對也有這樣的缺點，如果這個時候你不去檢討自己，看看自己的錯誤，你的錯誤與痛苦將在工作中輪迴，覓不到工作歡喜的滋味。這個世界沒有毫無缺點的公司與工作，認識到這點，就是一個好的開始。

有許多朋友在離開工作之前就已經有其徵兆了，那就是很長的時間在抱怨自己的工作，有的抱怨時間大約與其工作的時間一樣長。當他們離開這份工作之後，或許初期有些喜悅，但也有不少朋友會開始懷念那個以前自己花了很多時間，背後說壞話或者抱怨的公司，也開始從這個過程中瞭解自己，瞭解工作真正的樣子。

人要有馴服之心，開始可以接受有缺點的公司與工作，才真正開始發揮自己的能力去改造這一切。

如果你沒有瞧不起的心，是因為你有尊重的心，尊重會讓所有的事物充滿優點，也讓所有的人、事、物充滿能量，讓你的人生走到哪裏都是歡喜的。

許多高階主管，或者是工作接觸的人士，不管在任何場合對於自己的工作與公司都是充滿崇敬的，那個心已經超越可能存在的微小缺點。就是這樣的心，這樣的忠誠，所以他們會達到這樣的地位與成就。

相反，如果自己都看不起自己的公司，不但不能為之奮鬥努力，成就一番事業，還可能墜入抱怨的泥潭，再也無法自拔。更有甚者，面臨被炒魷魚的危險。

布魯斯從大學畢業以後進了一家軟體公司，說實在的，他在公司裏好像不太適應。先是與同事關係處理不好，其次發現老闆也並不喜歡自己。他起初的夢想好像隨時就要破滅，於是消極的心理使他已經無法正面地看待公司裏所發生的一切。在他的眼中，他周圍的同事無異於是白癡，老闆也是有眼無珠的笨蛋而已。

在與同學和朋友的交談中，他將公司的缺點一味的放大，好像只是為了從朋友們那裏得到一點諒解和安慰。如他所願，朋友和同學都給了他充分的安慰，並勸說他儘快適應環境。

每次，他與朋友們見面後，都有種發洩的快感。是的，自己所在的公司太讓人不爽了，根本不是他這種「人才」所奮鬥的地方。

但他不知道，同學和朋友其實也都在為他擔心，而且還有疑問，既然他選擇了這家公司，為什麼卻不能認可它呢？這讓他周圍的朋友們不解。

像許多消極怠工的人一樣，布魯斯的工作表現一落千丈，最後只得被老闆炒魷魚了之。

許多年過後，布魯斯經歷了好幾個工作職位。琢磨起來，他好像非常懷念當初畢業之時所選擇的那家公司。白癡的是自己，而不是老闆和同事。在那裏，為年輕人提供了公平的平臺，只要自己肯爭取，就有成功的機會。但他卻在抱怨與看不起中度過了那一段時光。看到原來的同事，不是在那家公司成為了重要幹部，就是跳槽去了薪水和職位更高的知名公司。最後他才意識到，尊重自己所選擇的公司，就是尊重他人，尊重自己。

是的，公司是承載自己夢想的載體。如果你看不起它，說明你看不起自己的選擇和夢想，因此也是對自己的一種否定，否定了自己，那麼生活也就沒有了希望。活在沒有希望的世界裏，猶如行屍走肉，是極為可怕的。

職場箴言：

不要看不起自己的公司，這會讓老闆極為討厭你。同時，看不起公司的同時，你也否定了自己。不要輕易否定自己，因為只有自己才是自己的救世主，所以不要輕易看不起自己的公司。與它一起創造奇蹟吧，你會發現在你們相互配合中會越來越有默契。你給予它充分的尊重和崇敬，它會給予你意想不到的收穫。

第六章

公司最看重的工作能力

當今時代，科技日新月異，知識更新加快，是一個生存空間日益狹小，整體競爭日趨激烈的時代，是一個崇尚能力，憑藉能力吃飯的時代。現在看一些招聘資訊，裏面的招聘條件一般都會有對學歷的相關要求，但作為一個招聘公司來說，學歷其實也就僅僅是個篩選條件而已，而不是公司選擇人員的一個標準。現在社會的就業形式是供大於求的，透過學歷的條件限制確實可以提高招聘的門檻，使公司選擇更加有針對性，但是你到底能不能勝任這份工作，能力還是公司最看重的。

那麼，職場中有哪些工作能力是公司最為看重的呢？解決問題的能力、替公司賺錢的能力、團隊合作的能力、獨當一面的能力和工作中的創新能力。

解決問題的能力

職場是有能力者為英雄的戰場，必須靠本事、憑能力來立足。老闆對於員工的要求，也無非是解決問題，實現效益提升，所以不要把問題留給老闆，而是要不斷增強解決問題的能力，讓老闆看到你是一個做事的人。

曾有一位總經理講過這樣一件事。公司有一位財務處長，業務上應該說還算過得去，就是愛耍個機靈、喜歡算計別人，很多人都不太喜歡他。一年前，他還是財務副處長時，發生了一次違規的事，氣得總經理幾乎要把他開除，因為該公司的一家大客戶，要更改一筆數額很大的業務付款方式，這位財務副處長竟在總經理和有關負責人都不知情的前提下，私自答應並辦理了相關手續。那筆金額對該公司的資金周轉影響很大，他這麼做給公司的經營帶來了很大的麻煩。

當時總經理很生氣，找到他並勒令他限期把這個問題給解決，否則，他將會受到嚴厲的懲罰，誰知道他竟然在限期內解決了。不過從此以後，財務副處長做事規矩多了，但卻心懷不滿，竟把總經理像賊一樣地盯著。對此，總經理很是惱火，就想把他給開除了。

但多年的領導工作經驗阻止了總經理的行動：不能把在氣頭上、衝動時做出決定，那樣會是很危險。於是，這件事在總經理心裏轉了一個星期。

一個星期後，總經理改變了主意：任命他為財務處處長。

這個決定出人意料，但是經過總經理深思熟慮的。他自己也承認沒有宰相肚裏能撐船的涵養，也不想去籠絡財務副處長，不開除他反而提拔他只是考慮到前程問題。原來，該總經理看過很多的人因私慾膨脹，滑向了深淵。總經理本人也先後擔任過幾家廠長，現在又成功地領導了企業，周圍的人對他都唯命是從。這個時候是很容易忘形的，有些朋友也是這樣提醒過他。但遇到這位財務副處長，並經過了一個星期的思考後，這位總經理才真正意識到，他需要有一雙眼睛盯著，當他走偏時，喊上一聲嗓子，即使那一嗓子是惡狠狠的。

於是，這位總經理找到這位財務處副處長，認真地告訴他：「雖然我很討厭你，但我將馬上任命你為財務處處長。有你的存在，我不會也不敢胡作非為。但同時我也要告訴你，不要讓我抓住你半點不規矩的事，否則，你死定了！」

從那以後，他的工作很認真也很規範，而這位總經理雖然感到不那麼方便，但心裏卻很踏實。

對此，不同的人能品味出不同的滋味。但是一個事實就是，如果你有足夠的能力，你能獨當一面，那你就是那個不可替代的人。對老闆有價值的人，這樣的人如果有些瑕疵，老闆也會衡量一下，以你的能力為準，而不會看到你脾氣或品質有些不盡如人意就叫你捲舖蓋回家。相比較來說，老闆看重的是你解決實際問題的能力，這種能力使你在工作中表現出色，能夠取得比別人更好的業績。

一個企業的發展是靠員工的工作來支撐的，因此員工的工作能力與工作表現才是企業的安身立命之本。做銷售的銷售能力強，就能賣出更多產品；做人力資源的能慧眼識千里馬，並能協調公司員工之間的關係，就能招聘與維繫優質的人才；做技術開發的頭腦聰明，肯鑽研，就能開發出更先進的技術等，說到底工作還是憑本事、靠實力，靠人緣、關係也許能風光一時，但終究是脆弱的、經不起考驗的。

在今天這個競爭無比激烈的時代，比較的除了能力還是能力。每個人都得靠能力來說話，靠能力來證明。能力，把人的差異越拉越大。

你有沒有仔細想過，曾經的同事為什麼會被升職？他身上一定有著不同於別人的地方，而根本的原因就是他能夠讓老闆看到滿意的結果，使工作不斷邁向新臺階。所以不要抱怨自己懷才不遇，也不要說自己多麼辛苦卻沒人發現，一定要透過你的實際行動來證明給老闆看，你是一個能夠解決問題的人。

現在很多人都熱衷於外語及電腦，似乎只要有這兩門技能，就意味著有優雅的辦公環境、令人羨慕的職位、優厚的待遇等等。的確，想要擁有這些，外語和電腦是基礎，但也應該明白，這僅僅是基本的職業技能。你要讓你的老闆真正的感悟到你是人才，還應在你的專業技能上下工夫。切記，你的智慧，尤其是專業技術的水準高低，在老闆選擇員工的價值天平上，遠遠勝於你的外語和電腦能力。

職場箴言：

資歷、學歷很重要，但對於今天的職場競爭來說，能力已經在上位。你能為老闆解決哪些問題，能為他創造什麼效益，這才是你盡職盡責的展現。

替公司賺錢的能力

有人用「人財」來形容這種人，積極主動工作，創新性的完成工作任務，能在工作中起到核心和主導作用，因而能為企業直接帶來財富效益，這也是企業最需要的人。這種「人財」一般占員工總數的五%至二〇%，且分布在企業的各個層面，這些人是企業的核心，是直接促成企業發展的中堅力量。很多企業都說：「誰能為公司賺錢，誰就是公司需要的人。」你是不是那個能為公司賺錢的人？

有沒有高的學歷並不重要，重要的是有沒有承受的能力。對於老闆來說，只要你進入了他的公司，你就應該做好為他賺錢的準備。連比爾・蓋茲都說：「能為公司賺錢的人，才是公司最需要的人。」

在當今社會，效益才是第一位。作為掌舵人的老闆，他必須創造效益才能讓公司繼續經營下去，並實現良好的運轉。市場競爭如此激烈，老闆考慮的是公司的生存和發展，如果你不能為老闆賺錢，就算你多有才華他照樣炒你的魷魚。因為他的公司並不是慈善機構，他不會允許那些不能為公司賺錢的人待在公司裏。那些能力平庸、沒有業績的員工再怎麼曲意奉承也很難換取老闆的賞識。你不能為老闆賺錢，你在公司裏就等同於沒有價值，誰為公司賺得多，誰的薪水就領得多。你為公司賺得少甚至不賺錢，最後被裁掉的那個人就是你。

替公司賺錢，給公司創造效益，一方面是工作職責所在，也是老闆的要求；另一方面，你做出了業績，為公司賺了錢，老闆也就會賞識你、器重你，等待你的可能是升職、加薪。這樣想來，積極發揮能動性，努力為公司賺錢是一舉兩得的好事，在成全公司的同時更提升了自己。那怎麼才能夠為公司賺錢呢？

道理很簡單，就是兢兢業業、紮紮實實，果斷、迅速、高效地完成自己的本職工作以及上級交辦的各項工作。將「全力以赴為公司賺錢」作為自己的工作準則，也是自己的職責和使命。只要你有了這種使命感和責任感，並習慣基於這種理念行事，一定會成為公司最優秀的職員，必將有著廣闊的發展空間，隨之而來，就會得到相對的報酬。

小施是一家醫藥器材公司的銷售人員，對自己以往的銷售紀錄頗引以為豪。曾有幾次，他藉機跟他的老闆表示，自己是如何賣力的工作，並勸說一家醫院向公司訂貨。可是，他的老闆只是點點頭，淡淡的表示贊同。

小施對老闆的態度很是納悶，最後終於鼓起勇氣對老闆說：「我們的業務難道不是賣掉這些器材嗎？」他問道：「難道你不喜歡我的客戶？」

老闆直視著他，說：「小施，你把全部精力都放在這一所小小的醫院身上，耗費了我們太多的精力，請把注意力放在一次可訂更多套器材的大客戶身上！」

小施明白了老闆的意圖，老闆要的是能為公司賺大錢，於是他把手中較小的客戶交給一位助理，自己努力去找主要客戶—為公司帶來巨大利潤的客戶。他終於成功了，為公司賺回比原來多幾十倍的利潤。

要知道公司的首要目標是賺錢，無論你從事哪一行，你必須能夠證明你是公司珍貴的資產，證明你可以幫助公司賺錢。所以你要有具備這樣的意識：你在幫老闆賺錢的同時，也是在幫自己賺錢。

作為員工，需要明白的是，如果沒有企業的快速增長和高額利潤，你就不可能獲取豐厚的薪水。只有公司賺了錢，作為員工才有可能賺回更多的薪水。

身為一名員工，為公司賺錢是一種義不容辭的責任。如果你想在競爭激烈的職場中有所發展，並擁有一份可觀的薪水，就必須牢記，為公司賺錢才是最重要的。

真正的人才是自己想辦法為企業創造財富的人。哪怕你是技術、能力最強的一個，但這並不表示你是最值錢的。只有那些有長遠目標，有想法有創意，能為公司賺到錢的人才是最棒的。

在牙膏行業曾經有一個小故事。某品牌牙膏雖然位居行業的前列，但因為老百姓的消費量就是這樣，因此一直不能實現銷量、利潤的突破；怎樣才能讓老百姓提高買牙膏的頻率呢？為此，公司召開無數次的會議也沒有更好的解決辦法。有一天，一個在生產線上工作的員工靈機一動，有了主意。為什麼不把牙膏口的口徑放大，這樣每次用牙膏時擠出的量就會多，買牙膏的頻率就會加大。公司採用他的建議後，牙膏銷量果然很快大幅度提高；後來，這也成為牙膏行業公開的機密。把牙膏口的口徑放大，這樣一個簡單的小改變就大大提高了整個行業的銷量，那個靈機一動的員工，可以說為公司的發展壯大做出了卓越貢獻。這樣的員工，老闆喜歡，也會器重。

這樣說來有點像演藝圈，演藝公司為什麼要花重金包裝、宣傳這個人，因為等他成名後能像「搖錢樹」一樣為公司賺錢。公司「包裝」的越好，這個演員成名的機會就越大，將來產生的影響就會更大，為公司帶來的財富也會源源不斷。當然，演藝公司在選定這個要「包裝」的人時，也一定是千挑萬選，有潛力的人才會入選。其他企業的模式雖然不同於演藝公司，但老闆的出發點都是一樣的。你進入公司，要拿薪水，還要有相關的福利，這些是要你用工作、業績來回報的，如果你沒有賺錢的能力，老闆就不會願意白養員工，你的工作局面就會總是一團迷霧，沒有進展。對於自己來說，這種沒有成就感的工作也會讓自己懈怠，提不起上進心，從而使工作更難開展。

如何讓自己成為那個既為公司賺錢，討得老闆的歡心又能為自己帶來更高的薪水，實現職業提升的人？

曾經有個年輕人跑去跟阿卡德借錢，他問年輕人借錢要做什麼，他抱怨說自己總是入不敷出。阿卡德便告訴他：「年輕人，你所需要的是去賺取更多的錢。你想如何提高自己的賺錢能力呢？」他回答說：「我所能做的，只是兩個月內六度要求主人給我加薪，但是一直沒有成功。我覺得沒有人像我那樣勤快地向主人要求加薪了。」

可能大家會嘲笑他把事情弄得過於簡單了，但是，他確實擁有一個增加收入的關鍵條件，那就是他內心裏強烈渴望賺取更多的錢，這種願望是完全正當而且可取的。

「要想成功致富，必須首先擁有這樣的渴望。而且，你的渴望必須是非常強烈和明確的，普普通通的願望不過是虛弱的念頭罷了。一個人若只是巴望著但願能成為富翁，那這個目標就太過虛弱和模糊了。假如他內心真正具體的渴望擁有五塊黃金，我相信他可以實現這個願望。在他想得到的五塊黃金如願以償，而且堅守住這些金子之後，接下來他便能找到類似的方法獲得十塊、二十塊黃金，終至一千塊黃金，這樣他已經在不知不覺中成為了一名富翁。他在學習達成每一個小小明確的願望過程裏，已逐漸訓練自己獲得更多財富的能力了。這便是累積財富的真實路徑。先由小額收入開始，賺回來一些，最後才能賺得更多。

所以，你的任何慾望都必須簡單明瞭。如果慾望太繁多、太雜亂或者超乎個人的能力所及，必然就無法實現。」阿卡德的這番話對於職場中人來說也一樣重要，建立賺錢的理念，不論是為公司還是為個人，只要想著多賺錢，你就有可能實現這個願望。

當一個人能夠辛勤工作，不斷提升自己的職業水準時，他賺錢的能力也就會跟著提高。阿卡德說：當他還是個微不足道的泥板刻寫員，每天只賺進幾個銅錢時，他觀察到許多同事的確刻得既多又好，薪水也高。因此，他決心要超越其他所有的同事，而且阿卡德很快就發現那些人比較成功的原因。於是，他投入了更多的興趣、專心和毅力在刻泥板上面，最後果然很少有人刻寫泥板的數量和品質能夠超過他。當工作技巧變得敏捷嫻熟時，個人獲得的報酬就會較高，此時還用得著六度要求主人確定工作能力，以便加薪嗎？

工作中，你獲得的智慧和技能越多，能賺的錢財也就越多。在自己的工作技能上多多學習和鑽研的人，他所獲得的報償也就會超越他人。假如他是一個工匠，他可以向同行中那些技藝最精湛的前輩學到許多技巧和方法。假如他是一名律師或者醫生，他可以向其他同行諮詢、交換心得，以提高自己的專業水準。假如他是一個商人，他就應該不斷研究更好的方法去尋求成本低廉的好貨。

其實，各行各業的人都要不斷改變和追求進步，因為熱心而辛勤工作的人總是在追求更出色的技能，以便為老闆做出更好的服務和貢獻。走在進步的前端，絕不要停滯不前，以免落伍而被淘汰，這是你提高賺錢能力的原則和方法。

職場箴言：

沒有什麼比替公司拿回大把的錢財更有說服力的了，如果你認定了目標，那就培養自己賺錢的能力和技巧，實現公司和自身的雙贏。

團隊合作的能力

國家和諧才能促進發展，企業也一樣。沒有哪一個職位在招聘要求上不寫明「要有團隊合作精神」，開展工作就要與他人打交道，你的工作是團隊的一環，必須環環緊扣才能讓「齒輪」飛速旋轉。

輕鬆愉快地與他人交談，和諧地與人相處，往往是你廣結良緣，或成為團體領導者的先決條件。同時，老闆更希望他的員工透過與公司客戶保持良好的合作關係，從而樹立最佳的企業形象，不斷擴大企業影響。就是說：如果你在工作中善於合作，具有團隊合作能力，那麼你也將會做出應有的業績，脫穎而出，獲得老闆的賞識。

而另一方面，每個人的能力都是有限的，即使精力再充沛，個人的能力還是有一個限度的。超過這個限度，就是人力所不能及的，也就是個人的短處了，所以合作就顯得非常重要。每個人都有自己的長處，同時也有自己的不足，這就要與人合作，用他人之長補自己之短。養成良好的合作習慣，你的能力將會得到不斷提高，才會更好地完善自己，發展自己。

其實，不管是管理層還是一般的員工都需要有團隊合作能力，但團隊合作不是指你只要身處一個集體，不是形單影隻就可以了，團隊合作更是一種精神，無形的能力。團隊不是指任何在一起工作的集團，團隊工作代表了一系列鼓勵傾聽、積極回應他人觀點、對他人提供支援並尊重他人興趣和成就的價值觀念。

奇異前總裁韋爾許在提到團隊時，曾經把運動團隊作為團隊的典型。他認為，其一，團隊的成員必須經過精心選拔和組合；其二，每一個團隊成員的職責都與其他人不一樣；其三，領導者在管理團隊成員時要區別對待，有針對性地培養。從這個意義上來說，團隊的業績首先來自團隊的每一個成員的業績，只有每一個團隊成員充分發揮自己的能力，協調好與別人的分工和關係，團隊的業績才有可能達到最大化。由此看來，團隊的重點在於協調和合作，在於默契的配合，在於發揮每個人的全部潛能，在於創造高績效。以上各方面缺一不可，任何方面的缺失都不能稱之為「團隊」。

在這樣一個團隊中，你是否具有團隊合作能力？也就是說一個人與別人合作的精神和能力。在企業中，每一項工作都需要許多人互相配合，如果一個人只知道單打獨鬥，而沒有團隊合作的精神，這樣的人是無法真正發揮自己的能力。

ＩＢＭ人力資源部經理說：「團隊精神反映了一個人的素質，一個人的能力很強但團隊精神不行，ＩＢＭ公司也不會要這樣的人。」

即使在崇尚個性的ＩＴ行業，沒有或者欠缺團隊合作能力的技術研發人員，也會被企業拒之門外，團隊合作能力和溝通能力，列在了ＩＴ行業從業人員應具備的十二種職業核心素質的首位。美國視算電腦科技有限公司（ＳＧＩ）人力資源部經理曾說：「ＳＧＩ公司生產世界上最先進的電腦，但世界上有一種儀器比電腦更精密，也更具有創造力，那就是人的身體。團隊成員就好比人體的每個部位，一起合作去完成一個動作。對公司來講，團隊精神就是讓每個人各就各位，通力合作。公司的每一項獎勵活動或者業績評估，都要把個人能力和團隊精神作為最主要的評估標準。如果一個人的能力非常好，而他卻不具備團隊精神，那麼我們寧可選擇具備團隊精神，而個人能力稍遜的人。」

團隊合作能力如此重要，那怎麼才算具備良好的團隊合作能力呢？

對一個團隊合作能力不錯的人來說，在保證自己本職工作完成的情況下，他還會有意識的關注專案進度和組內的情況，例如現在實際進度是否符合計畫的要求？潛在的風險是什麼？他人的進度如何？有什麼新的變化嗎？我們每個人負責的那一塊工作，是整個團隊的有機組成部分，隨著專案的進展和團隊的動態變化，我們需要做一些動態的調整。只有瞭解了整個專案和團隊的情況，才能更好地實現團隊合作。

願意分享資源經驗，也善於學習他人長處。哪怕是專家，每個人都不只承擔專案中的一部分工作。如果每個人都樂於與大家分享各自的經驗，不管是以前累積的還是從當前項目中得到的，大家就會進步很快，從而更快更好地完成項目。具有團隊合作能力的人，抱有開放的心態，既樂於分享自己的經驗所得、現有資源，也樂於從他人那裏學習。因為他明白一個道理，如果大家既不分享，也不相互學習，只保守地做自己的工作，那整個團隊的效率就會減低。

以團隊利益為思考出發點，不斤斤計較。在一個團隊中，如果你要計較絕對的公平，會有很多麻煩。因此團隊合作必須注意以下幾點：

互助。如果團隊中有同事由於種種原因跟不上進度，那麼有團隊合作能力的人，在提前完成了本職工作的情況下，會去幫助他。這對承擔的人來說雖然是額外的工作量，但會增進彼此之間的友誼。更重要的是，這種幫助為團隊按時完成任務提供了保障，是很有意義的。這種自動「補位」的精神，能顯現出一個人的團隊合作能力。

虛心，認同、尊重他人的工作。無論我們自身的工作做得如何，我們都應當虛心，從內心上認同他人，尊重他人的工作。具有團隊合作能力的人，在這點上表現尤其突出，這不僅會增強與同事的感情，而且在處理一些矛盾的時候會更加有幫助。如果你認同他人，不管是什麼事情，都可以協商解決。如果不是這樣的話，即使一點小事情也會演變成大矛盾。

有意見只對事，不對人。這是一種在團隊中工作的技巧。每個人都會犯錯誤，而且每個人都不能忍受攻擊，但具有團隊合作意識的人會從專案、團隊的整體角度考慮，就事論事，不影射承擔這份工作的人。對他人不妥的批評、小意見容易瓦解一個團隊。

友好、寬容地對待新同事。具有團隊合作能力的人，能夠友好、寬容的對待新入職的同事。每個人都是從陌生走向熟悉，新同事需要時間來逐漸適應新的環境，所以請友好、寬容地對待新同事，不要以老同事的標準來要求他。如果你能給予新同事力所能及的幫助，你會得到一個朋友。

隨著知識型員工及工作內容智力成分的增加，越來越多的工作需要團隊合作來共同完成。全新的團隊合作模式，更強調團隊中個人的創造性發揮和團隊整體的協調工作，這就要求團隊中的成員不但要有專業技能還要有超強的團隊合作能力，上面已經列出了團隊合作能力的標準，那怎麼才能達到這個標準，使自己成為受歡迎的人呢？

看到別人的優點，學會欣賞。在一個團隊中，每個成員的優缺點都不盡相同。我們應該積極發現團隊成員的優秀品質，學會欣賞每一個人而不是找缺點，學習別人的長處，以彌補自己的不足。同時，要想成功地融入團隊，善於發現每個工作夥伴的優點，也是走進他們的第一步。適度的謙虛並不會讓你失去自信，只會讓你正視自己的短處，看到他人的長處，從而贏得眾人的喜愛。每個人都可能會覺得自己在某個方面比其他人強，但你更應該將自己的注意力放在他人的強項上。團隊中的任何一位成員，都可能是某個領域的專家，因此你必須保持足夠的謙虛，這種心態會促使你在團隊中不斷進步。總之，團隊的效率在於每個成員配合的默契，而這種默契來自於團隊成員的互相欣賞和熟悉——欣賞長處、熟悉短處，最主要的是揚長避短。如果達不到這種默契，團隊合作就不可能真正成功，團隊中個人的前途不會看好。

鼓勵、尊重和寬容。每個人都需要被別人肯定，彼此之間的認可、尊重以及鼓勵可以促進整個團隊的進步。不論是新同事還是老同事，你都要平等待人，有禮有節，既尊重他人，又盡量保持自我個性，在求同存異中合作。如果你能真正做到這點，不但團隊成員喜歡你，整個團隊在這種和諧氣氛中也會取得更好的成績。

經常檢討自己。團隊合作中，最可貴的就是不放大別人的缺點，卻能時刻看到自己的不足，比如自己的工作心態，日常工作是不是有所怠慢，與客戶的溝通工作做得如何，能否虛心接受別人的批評意見等等。如果忽視這些缺點，在團隊合作中它就會成為你進步成長的障礙。如果你固執己見，無法聽取他人的意見，你的工作狀態不可能有進步，甚至會影響到其他成員的工作積極性。團隊的效率在於每個成員配合的默契，如果你意識到了自己的缺點，不妨坦誠的承認它，想方設法改掉它，也可以讓大家共同幫助你改進。當然，承認自己的缺點可能會讓你感到尷尬，但你不必擔心別人的嘲笑，你只會得到他們的理解和幫助。

謙虛、信任和溝通。任何人都不喜歡驕傲自大的人，這種人在團隊合作中更不為大家所接受。放下自己的長處，將注意力放在他人的強項上，只有這樣才能看到自己的不足和他人的強項，以便更好的強化優勢，彌補不足。信任是團隊合作的基石，如果連起碼的信任都沒有，那團隊合作就是一句空話。在承受壓力和困惑，面臨危機與挑戰時，團隊成員需要彼此信任，互相承擔，即使個人能力再強，也是無法達到團隊的目標，只有相互信任，主動做事，樂於分享，才能實現目標。而溝通是團隊合作的最基本要求，沒有溝通，團隊就陷於萎靡不振中，也就無法前進。及時、積極的溝通能讓彼此深入瞭解，分享進步，摒棄落後，保持整個團隊的旺盛生命力。

其他諸如負責、熱情、超越意識等等，也是團隊合作中必須具備的品質之一。沒有一個老闆願意看到自己的屬下「各自為政」、「老死不相往來」，也沒有哪個老闆喜歡一個沒有生機、沒有進步的團隊，對於他來說，只有所有人都凝聚在一起才能有突出的業績，進而戰勝對手，立足行業。

職場箴言：

你是那個黏著劑還是導致分崩離析的小沙粒？不要打著個性來對抗團隊，老闆需要的是團隊帶來的利潤最大化。成功融入團隊，還能保有你與眾不同的個性，這才是團隊合作能力的最高境界。

獨當一面的能力

哪個老闆不希望下屬個個精練能幹，工作中能夠獨當一面？這樣，老闆既省心且做事效率高，產出大，可以保持公司的高速、穩定運轉。我們常說劉備的兒子是「扶不起的阿斗」，誰會想擁有這樣一個兒子，劉備只是沒有辦法而已。對於老闆來說，他不希望自己的公司中有「扶不起的阿斗」，但如果真的出現了，他不是劉備，沒有要養「阿斗」的義務，所以職場中的「阿斗」只能「請出去」。

通常，員工手上的工作很多也很瑣碎，老闆不可能事事過問，他沒有那麼多的精力，也不需要如此。老闆只要在宏觀上把握全局，具體的每一部分工作是由員工分工合作來完成。正是工作的這種獨立性使得你必須能獨當一面才行，這也是你在職場立足和升職的必備素質。如果你能在如：財務、英語、電腦等方面有一技之長，且對公司正常運轉發揮著重要作用，老闆就會覺得在這方面離開你不行，這樣你的價值就會顯露出來，你在老闆心目中的地位才能鞏固和加重。或者，你的終極目的是自己做老闆，那麼你替別人工作的這個過程可能只是一種「過渡」，在「過渡」期內累積工作經驗和訓練自己各方面能力是非常必要，只有你在這個方面能夠獨當一面了，將來才能成功地走上老闆的位子。如果你沒有這種能力，不要說將來自己做老闆，就是做員工也不會讓老闆省心，反而會給他帶來包袱，那老闆肯定不會喜歡你。所以，在工作中有獨當一面的能力，老闆才會器重你，別人才會佩服你。

如果你注意觀察的話一定會發現，能夠被提拔的人都是因為他具有某一方面的優勢，而這種優勢讓他能夠獨立承擔，不會懼怕或拒絕。

獨當一面，也是自己職業生涯的一個轉折。進入職場之初，有誰不是抱著能夠有一番作為的雄心，而獨當一面是這個雄心實現的基礎和關鍵。能夠獨當一面，是自己工作能力的展現，也是你職業追求的一個小階段，只有站在了「獨當一面」上，你才會更進一步。那麼，如何才能獨當一面呢？

要有自己的見解。俗話說：「三個臭皮匠勝過一個諸葛亮。」老闆再聰明也只是一個人，他需要下屬為他提供不同的思路、見解。當他做決策時，也需要下屬能提出一些新招，獨特的「點子」。這些新招、「點子」即使不一定被採用，也能給老闆思考問題和做出正確決策提供一個新的思路。如果你沒有見解，恐怕連自己都不好意思吧，老闆會怎麼看你？連自己的想法都沒有的人，能獨當一面嗎？

要敢於承擔大事。在有把握的前提下，要敢於承擔別人不想、不能、不敢做的大事，因為這種事情老闆和其他同事都感到棘手，「危難時刻方顯英雄本色」，這時如果你能從容鎮定地把問題解決，老闆對你就會另眼相看，而你獨當一面的能力也在逐漸顯現。

從小事入手。工作是由重要的事和許多細微的小事組成，但很多人可能更關注大事，忽略那些瑣碎的小事，有心的員工往往會在做好大事的同時也關注這些不起眼的小事。俗話說：「大處著眼，小處著手。」做些小事，也許是填缺補漏，但長時間的堅持，你就會給老闆留下考慮事情周到、能吃苦、工作紮實的作風，把重要的事情交給這樣的員工辦理，老闆更放心。

總是處於工作的狀態。比如檔案資料不離手。千萬不要總是兩手空空，要知道拿著檔案資料的人看上去像是去開高層會議的人，手裏拿著報紙的人好像要上廁所，而兩手空空的人則會被人以為要外出吃飯。必要的話，還可以拿些檔案資料回家，這樣老闆一定會認為你是一個以公司為重、不惜占用私人時間處理公務的好員工。另外，別讓你的電腦「閒著」。對很多人來說，在工作時，埋首電腦的人就是積極工作的人。但誰知道你是在做什麼呢？哪怕是做些跟工作無關的事。這些形式可以告訴你的老闆，你處在積極的工作狀態，正在全力以赴的工作，也隨時準備著回答老闆提出的問題、承擔他分派的任務。

其實，對於職場中人來說，只要進入職場一段時間，業務就能夠很熟練的掌握，但業務熟練不等於具有獨當一面的能力，你還要有其他技能。說到底，獨當一面是專業技能與溝通合作能力的相容。

在野外訓練中，經過前面四輪的淘汰，兩個小組所剩人員都已經不多。第五輪比賽開始後，風浪摧毀了甲小組的草屋，大家讓曾經在前幾輪比賽中很會出點子的同伴經手重建，他卻說，他是來遊戲的，要充分享受生活，然後說要出海捕魚，實際上卻躺在船上一邊曬太陽，一邊看他的《聖經》。同伴們對此都很憤怒，在此次比賽中趕他「出局」。第六輪比賽淘汰的是一位功臣，他在比賽中創造了出色的成績，幫助小組贏得了比賽，但是卻對本組的女性成員表現出了輕蔑。……可以說，這兩輪淘汰的都是有能力的人。可是他們要嘛不肯工作，終日懶散而妄圖坐享其成，要嘛認為自己有過出色的成績，於是藐視同伴，把整個團隊的競賽看成是個人英雄的表演。顯然，作為團隊，這種人在初期是有用的，而當整個團隊開始進一步發展的時候，這種人便會成為整個團隊的桎梏。

讓人奇怪的是，乙小組裏有一個黑人籃球教練十分懶散，整天什麼都不做，屬於那種

「吃嘛不剩，幹嘛不成」的人，卻至今沒有被淘汰出局。原來他跟誰都能說上話，整天甜言蜜語。在任何團隊中都會有這樣的人，他們的地位通常會比人們想像的穩固得多，或者說，一旦當整個團隊出現問題時，這種人反而不會被淘汰。

經過幾輪比賽，兩個小組產生了自己的領袖。一個是身強力壯的小夥子，長期負責捕魚，為大家提供食物，更重要的是別人數次嘗試都無法捕到魚。在越野比賽中他也是領軍人物，在好幾次組會中他也能機智地回答主持人的問題，這為他贏得了人心。另一個則是幼稚園老師，她出色的組織使本組在數次競賽中獲勝，因而贏得了很多工具和食品。

公司就是一個大團隊，你所在的部門是一個小團隊，要想不被淘汰，地位得到鞏固，你應該儘快掌握職位職責，能夠獨立應對；如果想要成為一個團隊的領袖，那首先必須具有獨當一面的能力，這包括你的專業技能和協調整個團隊的能力。上面野外訓練中的勝出者就是典型，你必須要對團隊有所貢獻，有別人沒有的專業技能，如前面說到的捕魚，同時你還要善於協調、調動大家，因為再英雄的個人也成就不了團隊的業績。

其實，獨當一面並不是拒絕合作，而是在融入一個團體中的過程中，變成一個領袖式的人物。這就需要你首先要具有別人認可的技能，同時還要有很強的交際能力，能與不同性格的人都打成一片，並注意適當地表現出自己利他主義、敢做敢當、認真負責的精神。當然最重要的還是得維護自己的形象，久而久之大家都會認可你、支援你。這樣，即使在你獨當一面的時候，身後還是有很多支持者，讓你獨當一面的能力發揮的更充分。

另外，你還要考慮的一點是，當你獨當一面、獨立運作時，不要忘了及時向老闆做彙報，讓他放心即使自己翅膀硬了，也還是老闆手下聽話的員工。如果你是出差在外很長一段時間，每隔一段時間發一封郵件告訴他你最近的工作進展，可以白天發，也可以夜晚發，這樣老闆能感覺到你一直在努力工作，並且非常重視與他的溝通提升自己獨當一面的能力。

職場箴言：

在今天的職場，一個蘿蔔一個坑，企業呼喚能夠獨當一面的員工，員工工作有獨立性才能讓老闆省心，老闆才敢委以重任。你必須熟悉你的工作，能夠獨當一面的處理事務，這樣才能讓別人佩服你，讓老闆看重你，這也是你在公司立足和加薪晉職的必備素質。

工作中創新的能力

員工善於在工作中創新，不斷推陳出新，企業發展才會加速，其推出的產品、提供的服務才會有新意，才能永遠走在行業前列。對於個人發展來說，創新會讓工作更有樂趣，更有意義，會不斷深化你在某個領域的認識、見解，成為這個領域的領先人物。而客觀上，創新可以讓老闆對你另眼相看，從而打開工作局面，優化工作環境，完善職業生涯。

在競爭越來越激烈的今天，每個企業、個人都千方百計的想用最快的時間標新立異，以吸引注意，透過什麼途徑才能實現這一目標？創新！創新已經成為當今競爭和發展的主旋律。你要想改變自己的生活，就要創新；企業要實現發展，必須創新。創新，才能實現與別人的「差異化」，樹立自己的形象。

職場中，大多數人是反應型的，即老闆提出問題才去解決問題，往往強調過程，不願承擔責任，信奉少做決定少犯錯，總是在爭輸贏，喜歡從負面來看事情。如果你反其道而行，積極主動地發現問題解決問題，而並非等老闆來做；從結果來評價自己，而並非把過程當作自己沒有完成任務的藉口；勇於承擔責任，有主人翁意識；以「雙贏」思路來考慮問題，包括與同事及客戶間的關係；積極正面去看待遇到的挫折。這樣的結果，可能是你看到了從未看到的風景，創新的思維和做事方法讓你形成了自己的特色。

優秀的員工常常是在別人還沒想到時，他就已經想到了；當別人想到時，他已經在做；當別人在做時，他已經做得不錯；當別人做得不錯時，他已做到最好；當別人做得跟你一樣好時，他已換跑道在做。

創新能力是人在創造活動中表現出來並發展起來各種能力的總和，主要是指產生新思想、新方法、新結果的創造性思維和創造性技能。創新能力主要表現為：發現問題的敏銳觀察能力，通觀全局的思維能力，拓展思路取得答案的能力，借鑒經驗開拓新路轉移經驗的能力，遠見卓識預見未來的能力。我們通常所說的「人才」，其之所以稱為「才」，其核心價值就在於創新能力。創新能力來自於什麼？創新能力來自不斷地學習。一個現在有能力的人，不管他是博士、碩士，還是高級工程師，如果不注重學習，也會落後，也會缺乏創意。

通用公司前總裁韋爾許經常鼓勵他的經理們，去仔細搜索好點子並據為己有，這被稱為

「合理的剽竊」。韋爾許說：「借鑒的就是最好的。」有些人可能會感到奇怪，為什麼作為美國最強大企業之一的通用電氣仍然需要尋找好的點子？

韋爾許說：「每個公司都要學習，通用電氣也不例外。」

職場中的你，是否願意從現在開始，用創意的眼光來重新認識身邊的一切，特別是那些棘手的令老闆頭疼的「瓶頸」問題呢？

某集團企業要招聘一位主管策劃工作的副總。由於薪水高，前來應徵的人很多。有位應屆大學畢業生前往應徵，當他趕到現場時，招聘人員發給他一個排序號：四十七號。人多，只能等，但是他心想就這樣乾等，等來的不一定是好結果。過去常聽人家說：「被動就要挨打」，還是主動出擊的好。隨後，他用紙條認真的寫了幾行字，折起來讓人傳了進去。前來應徵的人還以為有人走後門寫什麼條子，都用鄙視的目光窺探著。誰知，當主考官接到條子之後，笑了。旋即，向應徵的人群說：「我剛接到一張條子，我給大家唸一下：尊敬的主考官，請您不要在沒有見到四十七號之前就做出用人的決定。謝謝！」我們公司要尋找的，就是擁有創新能力的人才！

應徵的人群知趣地散開了，四十七號應屆畢業生如願以償。

一九八七年，美國的兩個郵遞員科爾曼和施洛特無意中看到一個小孩拿著一種發光的螢光棒，這個東西能做什麼用呢？在猜想中，兩個人隨手把棒棒糖放在了螢光棒的頂端，結果，光線穿過半透明的糖果，呈現出一種奇幻的效果。這一小小的發現，讓兩人都驚喜不已，為此，他們申請了發光棒棒糖專利，並把這項專利賣給了開普糖果公司。

此後，他們兩個不斷的動腦筋，為棒棒糖加上了自動旋轉的小馬達，由電池驅動，這樣舔起來既省力又好玩。這個想法很快投放市場，並且獲得了極大的回響。在開始的六年裏，這種售價三美元的小商品一共賣出了六千萬個，科爾曼和施洛特得到了豐厚的回報。

開普糖果公司的負責人奧舍看到超市內電動牙刷因價格不菲，而致使銷量很低，他靈機一動，何不用旋轉棒棒糖的技術，只用五美元就能製造一支電動牙刷呢？其後，奧舍與科爾曼、施洛特開始技術移植，很快美國市場上最為暢銷的旋轉牙刷誕生了，甚至比傳統牙刷還要好賣。二〇〇〇年，三個人組建的小公司賣出了一千萬支這種牙刷，作為電動牙刷擁有者的寶潔公司看到這種形勢擋不住，於是經過討價還價，在二〇〇一年一月，寶潔公司以一・六五億美元的首付預付款收購了小公司，三人在未來三年內在寶潔公司工作。一年以後，這種牙刷驚人的銷量讓寶潔公司提前中止合約，為避免更多的支出，寶潔公司一次支付了三・一億美元，加上此前的一・六五億美元，奧舍與科爾曼、施洛特一共拿到了四・七五億美元。

這個天文數字是他們靈機一動的創新思維結出的碩果，創新能力處處顯示著驚人的成果。不過，創新不是你想要有就能實現的，創新能力的提升要求你頭腦清醒，不斷學習吸取新東西。除此之外，你還要做到：

注意總結前人的經驗和教訓。任何一項創新都不是無源之水無本之木。因此，如何利用前人的知識和智慧在創新工作中是非常重要的，也只有如此，創新工作才可以少走錯路，才可以避免很多不必要的麻煩。前人的經驗和教訓是創新工作的基礎，透過借鑒前人的工作，才可以站在巨人的肩膀上看待問題、考慮問題和解決問題。

注意發現和總結前人失敗的創新經驗。失敗是成功之母，但如果一味的失敗而不去考慮失敗的原因，對工作是沒有任何幫助的。透過前人失敗的經驗可以發現很多問題，還可以透過改變方法和途徑，成功的解決一些眼前遇到的問題。

學會借鑒和組合。單純借用別人的經驗和成果，沒有自己的不努力是不行的。借鑒可以是思路，也可以是方法，更可以是產品。不要認為「拿了」別人的東西而覺得對不起別人，因為只是知識上的借用而已。企業發展是如此，個人工作也不例外，但是一定要在學習、借鑒的基礎上消化、吸收，使其成為自己的一部分，才會有創新的靈感。

遇到問題從多方面考慮，持之以恆，養成思考的習慣。只有這樣，創新才能在不知不覺中出現，單純的為創新而創新，出現的機率會很小。只有從多方面考慮和解決問題，才有解決問題的靈感，才能創新。千萬不要把靈感放走，生活中每個人都是有靈感的，一旦產生就要記錄下來，時間一長，新的思路、方法和途徑自然就會出現了。

對於職場中的個人來說，創新還要兼備這些要求：

具有強烈的事業心和責任感。具有高度責任感的人，才會有強烈的憂患意識，才能「先天下之憂而憂」，戰勝自我，不斷尋求新的突破。不可想像，一個對自己所從事的工作毫無責任感的人，會積極主動地開動思維機器，創造性地解決遇到的問題。

用人類文明成果武裝自己的頭腦。任何創新都是對知識的整體運用，創造性思維為一種思維創新活動，必然要以知識的占有作為前提條件。沒有豐富的知識作基礎，思維就不可能產生聯想，不可能利用知識的相似點、交叉點、結合點引發思維轉向，不可能由一條思維路線轉移到另一條思維路線，實現思維創新。

堅持思維的相對獨立性。思維的相對獨立性是創造性思維的必備前提。愛因斯坦說過，應當把發展獨立思考和獨立判斷的能力放在首位。提高創新思維能力必須在思維實踐中，不迷信前人，不盲從已有的經驗，不依賴已有的成果，獨立的發現問題，獨立的思考問題，在獨闢蹊徑中找到解決問題的有效方法。

中規中矩的做事，按公司規章工作，這是職責所在，對於日益激烈的企業間、個人間的競爭，老闆已經屢次點名表揚那些有好點子的同事了，你還坐得住嗎？

職場箴言：

創新能力對於企業來說，是加速器；對於個人來說，是核心價值所在。如果你總是重複別人的工作，沒有創造價值，那老闆豈不是虧大了？而也正是工作上的這種創新能力讓你不斷有所發現，不斷自我鼓勵，實現公司利益的同時達到個人價值的最大化。

第七章

公司最先開除這種員工

目睹職場風雲變幻，看員工的浮浮沉沉，你是否清楚公司不需要哪種人？老闆最想開除誰？仔細觀察，其實有些規律。除了業績以外，以下幾點總結可供大家引以為戒。

有能力但缺乏道德的人

我們在平時的工作中，都深刻地認識到一點，那就是一個人的能力與道德是不成正比的，甚至有時候越是有能力的人，道德約束力越差。

但不可否認，有些正處於起步階段的公司，從老闆到員工，都只有一個目的和信念，那就是業績。只要能拉到客戶，不管使用何種手段，這個時候能力為先，道德其次，甚至道德微不足道。他們可能會有一時的發展和成就，但並不是長久之計。不以良心和道德做事，最終會被市場和客戶所拋棄。而真正對於一個想做公司的老闆來說，他也同樣最看重員工的道德，而不只是能力。

十九世紀末美國紐約有一個大富翁，雇請了一名華人做僕人，名字叫丁龍。數年後將其辭退，但這個富翁的居室不慎失火，富翁倖免於難。丁龍聞訊後即自動返回侍候在側，這個富翁非常感動，便問說：「我早就將你辭退，為何自願重返？」丁龍回答說：「家父早有明訓，親鄰有難，必助之。」富翁聽後又問：「令尊是否讀過孔孟聖賢書，有以教之？」丁龍回答說：「家父乃草莽農夫，不識字。」富翁繼續問：「令祖父必讀過書？」丁龍又回答說：「吾家世代皆未讀過書，非書香子弟。」富翁聞後驚嘆不止。丁龍在富翁處又工作多年，最後勞累致死，死前對富翁說：「這麼多年來我的薪水一直沒用，都存著，有一萬餘元，不如奉還。」富翁非常感動，遂又捐贈十餘萬美金，加上原來金額數總共約二十萬美金，在哥倫比亞大學設立「丁龍漢學講座」，以資紀念這位目不識丁，但集中國倫理道德於一身的華人。

故事中，丁龍只是一個僕人，論能力也許不能與一些所謂的菁英相提並論，但最後他卻把一個大富翁都感動了，還以他的名字命名了講座，他靠的就是道德。富翁尚且能夠以德為重，公司的老闆也同樣如此。

但相反，如果一個人只是能力非凡，但卻道德敗壞，不但時刻想著挖公司的牆角，而且在外面胡作非為，惹是生非，相信這樣的人即使能為公司帶來利潤，也不會得到老闆的垂青，甚至會遭到被開除的命運。

道德和能力本身就不可分，道德水準本身就是一種能力，沒有道德的能力算是一種能力缺陷。就像硬碟裏壞了一個區，沒有出事的時候這硬碟還好好的，說不定哪天這「壞區」就會讓整個硬碟停止運作。道德就是一個人能力其中的一區，這個區壞了，遲早一天都會出事。

小陳也是個因道德問題斷送了自己前程的年輕人。

小陳是剛畢業的一個大學生，他雄心勃勃，很希望自己能夠迅速做出一番大事業。非常順利，他應徵進入了一個家日用品公司，剛進去的時候公司蒸蒸日上，以其良好的品質和口碑而廣受消費者厚愛。但很快，隨著市場競爭的激烈加劇，他們公司面臨一些問題。上至老闆，下至員工都一籌莫展，找不到方法。看到別的公司後來居上，老闆如熱鍋上的螞蟻。一天，老闆召集大家開會，想發揮每位員工的才智，來為公司找出路。一番討論過後，老闆交代了一個任務，讓大家各寫一份報告，陳述自己對於公司未來發展的想法。小陳在會後，立刻投入了沉思和資料的收集，他感覺好像是自己的機會來了。經過一番調查，他發現他們公司的競爭對手之所以發展如此之快，與價格有著密不可分的關係。但就他們公司來說，如果價格調至競爭對手的水準是完全不可能的，因為他們成本高。忽然一個晚上，他好像發現了一絲靈光。他想，為什麼不可以使用稍微差點的材料去製作產品，然後賣的價格可以跟以前一樣呢？這對消費者來說，也不會感覺有什麼不同，但公司成本可以節約很多，起碼可以幫助公司度過目前的難關。於是，他嘩嘩落筆，一份報告很快出籠。交上去之後，他內心洶湧澎湃，他預感到老闆一定會對他另眼相看的。

但讓他沒有想到的是，人事部將一份辭退信轉交給了他，說是老闆的意思。在老闆看來，這種以次充好的伎倆不是沒有公司在用，但那並不是長久之計，這是對消費者不負責任的表現，也是道德缺失的表現。

按照同事以及小陳直屬上司的看法，小陳一直勤勤懇懇，工作非常賣力，也有追求和抱負，應該能夠成為一個有為青年。但他自己卻搬起石頭砸了自己的腳，悔恨的是他自己。

所以，在公司裏，急於表現自己是人之常情，但如果為了表現自己不擇手段，或者自己根本沒有道德感，那麼有時候是很危險的。一個能力與道德兼備的人，才是一個真正的有用之才。

職場箴言：

1、你的能力確實可以讓你暫時平步青雲，但道德感是一個人永遠立於不敗之地的法寶。

2、當你為了達到目的不擇手段的時候，如果有一天你被老闆開除，請不要感到驚訝，因為有良知的公司更看重一個人的責任和道德，而不僅僅是工作能力。

只喜歡找藉口的人

有這樣一則有趣的對話，發生在小學生的課堂上。

上課時，某同學在看漫畫。

老師發現了便問：「你在幹什麼？」

「我在找東西。」

「找，找……」鄰座的同學回答說：「找藉口。」

是的，很多人在日常工作和生活中都有這樣的習慣，無論是否被當場發現，仍然想為自己開脫，不願意承擔責任，不想承認錯誤。

趨利避害是人類的本性，為了避免不利於自己的事情發生，藉口油然而生。這種習慣性動作看似高明，實際上卻是掩耳盜鈴。如同鴕鳥一樣，一有風吹草動，即刻將頭埋入沙丘，但還是逃脫不了被獵人從沙中揪出的命運。當然我們不應該過分苛責一個動物的本能反應，但作為高度職業化的員工，如果不能控制住這種本性，在問題面前相互推諉，那麼這便不是他能力出現了偏差，而是在認識上擺錯了自己的位置。

失敗者找藉口，成功者找方法，是生活中司空見慣的事，應當引起每個人特別的重視。經常會聽到一些公司的管理者抱怨，許多員工積極性不高，工作也不怎麼樣，但找藉口的本事卻不小。他們認為，這種員工自己覺得很聰明，其實是否用心別人是一目瞭然的。這些管理者說：「做錯事情不要緊，沒有完成任務也不要緊，關鍵是認識到錯誤，而不是只是找理由，找藉口。」

找藉口進行解釋，實際上是通向失敗的前奏。尋找藉口只能造就千千萬萬平庸的企業和千千萬萬平庸的員工。面對失敗，是選擇責任，還是選擇藉口呢？選擇責任，你的路是向前的，責任會鞭策著你走得更遠。選擇藉口，你的路是後退的，藉口會牽引你原地踏步甚至後退。而你所要做的，你所想要得到的，正需要你永遠向前邁進。

我們每個人的天性中都存在一顆「黑暗的種子」，那就是好逸惡勞，推卸責任。遇到事情時，人們往往會出於本能把好的事情往自己身上攬，把壞的事情往別人身上推。如果你不對自己這顆「黑暗的種子」嚴防死守的話，那麼，就會很容易陷入找藉口推卸責任的圈子裏去。

許多人之所以平庸一生，其原因就在於他們萬事皆找藉口。學習不好，說父母遺傳了一個笨蛋；聯考落榜，說沒有發揮正常；找不到好工作，說自己沒後台；工作不順利，說現在經濟不好……反正所有的失敗都有藉口。於是，他們便在一個個藉口中開始沉淪，得到解脫，得到一種阿Q式的精神快樂，但這樣只能讓他們更加平庸！

解釋，一個看似合理的行為，其實在它的背後隱藏的，卻是人天性中的逃避和不負責任。在事實面前，沒有任何理由可以被允許用於掩飾自己的失誤，而尋找藉口唯一的好處就是把自己的過失精心掩蓋，把自己應該承擔的責任轉嫁給他人或者公司。所以，只有勇敢地接受並想方設法地去完成任何一項任務，才是你力爭成功的不二選擇。

找藉口是一種很不好的習慣。出現問題不是積極、主動地想辦法加以解決，而是千方百計地找藉口，你的工作就會拖沓，沒有效率，藉口變成了一塊擋箭牌。事情一旦辦砸了，就去找一大堆看似合理的藉口，以博得他人的諒解和同情。也許藉口能把你的過失掩蓋掉，讓自己得到心理上的安慰和平衡，但是長此以往，就會讓你總是依賴藉口，不再努力，不再去想方設法爭取成功。這樣，最終淪為最沒有用的員工，甚至被淘汰。

一天，報社特別忙，突然有位熱心讀者打電話過來，說在一個地方有特大新聞發生，請報社派記者前去採訪，但是報社別的記者都出去了，只有某甲在，沒辦法，辦公室主管只有派他獨自前往採訪。沒多久他就回來了，主管問他採訪的情況怎麼樣？他卻說：「路上太堵了，等我趕到時事情都快結束了，並且已經有別的新聞單位在採訪了，我看也沒什麼重要新聞價值，所以我就回來了。」

主管非常生氣地說：「台北的交通是很堵塞，但是你不知道要想別的辦法嗎？那為什麼別家的記者能趕到呢？」

甲急得紅著臉爭辯說：「路上交通真的是很堵嘛，再說我對那裏又不是特別熟悉，身上還背著這麼多的採訪器材……」

主管心裏更有氣了，心想：我要你去採訪，你不但沒有完成任務，還有這麼多的藉口，那以後你怎麼工作呢。於是說：「既然這樣，那你另謀高就好了，我不想看到公司員工不但沒有完成公司交給他的任務，反過來卻還有滿嘴的藉口和理由，尤其是我們新聞工作者，我們需要的是能夠接到任務後，不管任務有多麼艱巨，都能夠想方設法把任務完成，並且還比別人做得更好的人。」

就這樣，甲失去了令許多人羨慕不已的記者工作。在我們的生活與工作中，像這位甲遇到問題不是想辦法解決，而是四處找藉口來推脫的人並不少見，但是他們這樣做所帶來的結果，就是不僅損害了公司的利益，也阻礙了自己的發展。

在工作中，面對沒有完成的任務，面對沒有做完的公司報表，很多人用時間不夠、不熟悉程式、他人不肯合作等，來做出一個看似合理的解釋。初看起來，好像很有道理，值得我們原諒。其實不然，因為這種解釋不過是這些人從潛意識裏給自己的工作失誤尋找藉口，而將自己的過失推脫掉罷了；這剛好也是高效合作的工作團隊中所不能夠容忍的。如果允許這樣情況的存在，便是對團隊的不負責，是對整個公司的摧殘。因為，一群總是企圖解釋和尋找藉口的員工，只能帶來低下的效率與失敗的命運。

日本的零售業巨頭大榮公司中，曾流傳著這樣的一個故事：兩個很優秀的年輕人畢業後一起進入大榮公司，不久被同時派遣到一家大型連鎖店做一線銷售員。一天，這家店在清核帳目的時候，發現所繳納的營業稅比以前出奇的多了好多，仔細檢查後發現，原來是兩個年輕人負責的店面，將營業額多打了一個零！於是經理把他們叫進了辦公室，當經理問到他們具體情況時，兩人彼此面面相覷，但帳單就在眼前，一切都是確鑿的。在一陣沉默之後，兩個年輕人分別開口了，其中一個解釋說自己剛開始工作，所以有些緊張，再加上對公司的財務制度還不是很熟，所以……而在這時，另一個年輕人卻沒有多說什麼，他只是對經理說，這的確是他們的過失，他願意用兩個月的薪水來補償，同時他保證以後再也不會犯同樣的錯誤。走出經理室，開始說話的那個員工對後者說：「你也太傻了吧，兩個月的薪水，那豈不是白幹了？這種事情我們新手隨便找個藉口就能推脫過去了。」後者聽完僅是笑了笑，什麼話也沒說。但從這以後，公司裏出現了好幾次培訓學習的機會，然而每次都是那個勇於承擔的年輕人能夠獲得這樣的機會。另一個年輕人坐不住了，他跑去問經理為什麼這麼不公平。經理沒有對他做過多的解釋，只是對他說：「一個事後不願承擔責任的人，是不值得團隊信任與培養的。」

但很多員工並不知道這一點，他們認為，如果自己犯錯了，老闆一定會非常生氣；如果自己沒有按時交付任務，說明自己能力和效率不行。其實他們想錯了，在老闆們的眼中，並不會覺得一個人犯點錯誤，或者一時延誤了交付任務的時機，就認為他們的能力不行。相反，他們會認為那些不從自身找原因，只找藉口的人不行。

許多工作確實一開始難有起色，很多人放棄了，很多人沒有成功。他們有的把原因歸之為工作比較難開展，有的把原因歸結為公司，有的歸結為他人。在他們千方百計尋找原因的時候，也許有些人已經打開了局面，甚至取得了不小的成功。有時候，許多工作不是多麼高深的學問，需要的是堅持和用心。比如，推銷員的工作，大部分人認為這樣的工作很消磨人的意志，很容易就退縮。但如果你看完下面的例子，也許就不會那麼想了。

一次美國著名推銷員喬・吉拉德到台灣演講，許多人到現場去聽。開場前五分鐘，很多人已經總共收到了別人送給的六張喬・吉拉德的名片。

演講開始，七十四歲的喬・吉拉德到臺上就跳起迪斯可，還站到講臺上去，他的興奮和熱情使全場立刻瘋狂。他說：「在座的各位，你們想成為世界第一名的推銷員嗎？」大家說「很想。」他說：「請問各位，你們有沒有我的名片？」大家說「有。」他說：「一張、兩張，這還不夠。」然後把西裝打開發出三千多張名片，全場更是瘋狂。他說：「這就是我成為世界第一名推銷員的秘訣，演講結束。」然後他就退場了。

這是多麼簡單的道理，可能有些人已經認識到，但他們並沒有去做，他們最後卻以種種理由和藉口告訴他人，他們是多麼聰明，只是其他條件不具備而沒有成功。

找藉口是世界上最容易辦到的事情之一，因為我們可以找到很多的藉口去自我安慰、掩飾自己的錯誤。藉口是拖延的溫床，沒有任何藉口是執行能力的表現，做事不找藉口更是一名員工必須具備的品格。

日本京都的鼎州禪師曾發生過一件事情。有一天，鼎州禪師和弟子在院子裏散步，突然刮起一陣風，將樹上的枯葉吹落下來。禪師邊走邊將地上的樹葉一片片撿起來，放在口袋裏，站在一旁的弟子說：「師父，您別撿了，等一下我來打掃！」鼎州禪師一聽，說道：

「傻瓜！等一下，就能使院子保持乾淨嗎？我只要多撿一片，就能使地上多一份乾淨！」

明白什麼事是自己該做的，且能立刻行動的人，不論遇到任何困難，也絕不會發出不平之鳴，即使受到批評，也能不加以辯駁，默默地實行。

聽到他人批評就滿腔怒火的人，必定無法專心的做好自己的工作。不要寄望自己的言行都能獲得他人的讚賞，不要妄想抬高自己的身價，才能忠實地做好一切。

在公司裏，即使因為工作效率低，或者犯點錯誤而遭到批評，也要默默地承認錯誤，並決心改正，如果在老闆生氣的時候，你找出百般藉口，不要希望老闆會因為你的藉口而消氣，反而也許會火上澆油。

職場箴言：

如果你犯錯了，或者你暫時沒有成功，不要把時間浪費在找藉口上，多從自身找找原因，多思考應該走的路吧，這個時候，你會發現，也許希望就在眼前。

工作時間做私事的人

隨著網路的發達，員工做私事越來越方便了，而老闆們也越來越擔憂了，面對這樣的大潮，他們顯然有些不知如何對待。

對於做私事的員工，企業老闆們很不滿，他們不希望自己公司的員工做私事，擔心會影響他的本職工作，洩露公司的商業秘密，導致員工跳槽等等。

能夠像3M公司那樣，給員工五％的工作時間用於思考與本職工作無關的事情，或者像HP公司那樣，工具房永遠對員工敞開，即使你是為了私事而使用這些工具也是被鼓勵的，能夠做到這樣的企業不多，大部分企業都在員工手冊中有明確要求，不得動用公司資源謀求個人利益，這些資源除了有形的設備，還包括一些無形的資料庫、資訊資源等等。譬如聯想集團就有「天條」規定：凡聯想人一律不得從事第二個職業，否則一經發現開除不赦。

「如果你發現你們企業有人在外面兼職，你會怎麼做？」某科技公司很肯定的表示：「這種不能一心一意為企業服務的人，他的業績肯定會受影響，那麼他在企業中的發展前途肯定不會太好。」人的精力是有限的，如果同時關注很多事，實際上這個人將什麼事都不會做到最好，這是很多公司反對自己的員工做私事的原因。

員工上班時間做私事，在公司管理者看來，無論這個員工平時表現怎麼樣，是優秀還是普通，他們都接受不了這樣的行為。

某公司正在開發一個３Ｄ製圖軟體，老劉是該專案的專案經理，他領導著一個三十人的開發團隊。隨著軟體預計發布日期的接近，團隊成員經常加班，小張是加班時間最長的一個。小張在公司已經六年了，工作認真、技術過人，是團隊中公認的「首席程式師」。目前，他領導著一個五人的小組，對專案中最困難的地方進行研製。一天，老劉找小張瞭解工作進展情況，當他走到小張背後時，大吃一驚——小張在開發一個與公司無關的３Ｄ遊戲！小張承認他在幫朋友的遊戲公司開發一點東西，一方面是不好拒絕，一方面是對方開的報酬很有吸引力。

老劉非常生氣，但是他還是冷靜的說：「希望在公司軟體發布的這幾天中，你能夠集中精力把工作做好。」因為小張很優秀，老劉不希望他離開團隊。

小張有些不服氣，說：「我對工作的投入不比任何人少，我沒有耽誤任何工作。而我所做的兼職工作，也對我工作中的創意產生了很好的促進作用；實際上，在我們的專案中，就有我受到兼職工作啟發提出的解決方案！再說，我們都是成年人，只要我做好自己份內的事情，我幹什麼誰也管不著！」

小張是很優秀，但這並不代表了自己的上司，就可以理解他的這種行為。大部分的人所持的觀點是反對的。他們認為，這種現象在一些企業是比較普遍的，特別是一些ＩＴ企業，這是一件公開的秘密。儘管優秀員工承攬私活在很大程度上是為了生活更好一點，同時也能夠多鍛鍊實際工作能力，但對公司來說，必須重視這種優秀員工的示範作用，因為他無疑會渙散軍心，瓦解公司的凝聚力。

許多人建議，對想留住優秀員工的公司來說，對這種行為必須態度明朗，明令禁止；否則，後患無窮。若發現更加嚴重的現象，如給競爭對手做私事或其他更嚴重的事情，應按公司制定的規章制度，進行處罰，如果有造成損失的則應要求其給予賠償。

還有一些專家開始為公司針對這種現象提供建議，他們認為，公司要在後續人才的培養上多下工夫，認真篩選，特別是對於忠誠度很高又有一定能力的人才要大力培養，使其成為企業的中堅力量。企業在人才培養的同時不能夠忽視教育這個關鍵環節，優良的企業文化是留住人才的最重要的內容，優秀的員工應該在德、行上是員工們的表率，在業務上是企業的菁英。教育培養員工的個人素質、做人的準則、行為規範是企業社會形象的展現。如果員工目的是要跳槽，企業可以對症下藥，在消除造成負面影響的同時，按企業規定辦理離職手續，同時應反省一下企業自身有無管理上、制度上、用人上的問題，消除存在的隱患。一句話，要讓員工感到：做私事給個人造成的損失很大。換言之，就是：做私事，不值得。

回到上面的故事中來，小張並沒有聽從老劉的規勸，依然我行我素，他以為憑著自己優秀的技術，老劉不會怎麼樣。但事實並不是如他所願，老劉自那以後開始慢慢地疏遠小張，對他也不再那麼信任。小張也明顯的感覺出來，他在團隊中受重視的程度大不如以前。

後來，雖然老劉沒有讓小張走人，但小張自己都覺得繼續待在公司沒有發展，只得辭職了事。

反過來，如果你不是一個像小張那樣有資歷和經驗，同時又是優秀的員工，而你還在工作時間接私事，一旦被發現，或者被舉報，那麼可能老闆不會等著你自己辭職，早已經把你開除了。所以在公司裏，最好不要在工作時間做私事，將自己所有的精力投入到真正的工作當中，這樣不但使自己進步比較快，而且還可以避免不必要的風險。

職場箴言：

1、工作時間就專心自己的專職工作吧，因為只有專心，人才可能對一份工作和一個業務做到瞭若指掌。

2、如果你有做私事賺外快的打算，為什麼不利用下班後的業餘時間呢？

沒有紀律觀念的人

幾乎世界上所有知名的公司都是講求紀律的公司，也就是說，在通常情況下，它對員工的要求要比其他公司要嚴格得多。知名公司會把它所追求的目標及核心價值觀說得非常清楚，你如果要加入這些公司，就必須用實際的行動證明你認同它的核心理念。在這個問題上，從來就只有兩種選擇：要嘛留下來，要嘛離開──認同和踐行核心理念的人，會得到機會並實現自己的人生夢想；反之，不認同的人，會像病毒一樣被排除。

對於企業組織而言，紀律是最重要的事情，是其能否生存的最基本前提，可以說，沒有紀律，就沒有品格、沒有忠誠、沒有敬業、沒有創造力、沒有效率和合作，也沒有一切。

美國西點軍校非常注重對學員進行紀律鍛鍊。為保證紀律鍛鍊的實施，西點軍校有一整套詳細的規章制度和懲罰措施。通過整整一年的紀律訓練之後，紀律觀念深深地根植於每個學員的大腦之中，同時，與之而來的，是每個人都培養出了強烈的自尊心、自信心和責任感，這些精神和品質讓每一個西點軍校的學員終身受益。

有許多人對紀律的理解不全面，不知道紀律對於公司的意義有多麼重大。紀律究竟是什麼？可以有如下解釋：

①紀律指對組織的目標、核心價值觀及文化特徵的認同，為了實踐這些認同，員工個人願意表現出強烈的自律能力和高漲的熱情，並在這兩種品質的幫助下完成自己所肩負的職責，並以此來建立或完善自己的人格；②紀律指遵守規章制度、規則和程式，遵守組織中雖未被載入檔案但大家都在自覺遵守的行事或人際關係，遵守公共道德規範；③紀律指服從命令，按上級的指令和要求完成工作計畫；④紀律指顧全大局，員工應該注重合作，和同事共同學習進步，並能在完成本人工作指標的同時，經常使工作過程和結果能夠惠及他人。

當企業組織內的員工以及由這些員工組成的團隊，都具有了強烈的紀律意識，嚴格遵守規程和制度，顧全大局，堅決服從指令，在不允許妥協的時候絕不妥協，在不需藉口的時候絕不找任何藉口，這時候我們就會猛然發現，我們已經變得行動快速有力、協調一致、團結合作、精神飽滿、鬥志昂揚，我們的工作已經呈現出一個嶄新的局面，我們會變得無堅不克，無往而不勝。

紀律是企業基業長青的根本，是一名合格員工的最高行為準則，是完美執行力的第一要義。紀律意識對員工的職業生涯發展有著舉足輕重的意義，直接決定企業的興衰存亡。紀律觀念應該深植於員工的大腦中，使每個人都認識到遵守紀律不僅是每個人生存的基本需要，也是事業成功的關鍵因素。這一點，每個公司的老闆都能明白，同時他們也在不斷地向員工推廣這樣的意識。

許多人，尤其是剛畢業的學生，一直認為，每個公司都喜歡有創意和創新精神的人，於是，沒有必要天天朝九晚五。他們甚至認為，過於遵守紀律的人，是不會有大好前途的人。因此，他們整天想生活在自己安排的日程中，美其名曰，這叫獨樹一幟。

這種人的大量存在，讓一些公司的管理者感到力不從心。許多人開始在尋求幫助，如何去管理那些沒有紀律觀念的人。

小李就是這樣一個人，他剛開始在公司工作的時候，非常的兢兢業業，慢慢的幾年後，他在單位和行業裏都取得了不小的成就，上司也對他另眼相看，對其更是百般愛護和重用。

在小李的帶領下，一個部門開展得有聲有色。他挑選了很多新人進入自己的部門，對其培訓和教育。新人一般對待主管都是敬畏有加，所以讓小李一直沒有得到滿足的虛榮心迅速膨脹，尤其是上司對其建議也言聽計從。小李在公司裏，幾乎成了無人能夠干預的角色。正是因為這樣，他開始放鬆自己了。

一開始，上班比別人要晚半個小時，後來慢慢的要晚一個小時，甚至有時候乾脆一個上午不到公司，只是下午才到公司一下。有時候在上班時間，他還隨時為了私人的事情而外出。當然，無論遲到還是隨便外出，他是沒有經過自己老闆批准的，甚至有時候老闆根本不知情。小李部門的員工又不好說什麼，他畢竟是上司，但員工已經對他不滿，作為部門領導者，只知道天天把員工管的很死，自己卻視公司紀律於不顧，因此並沒有起到榜樣的作用。

其實公司老闆，慢慢的也感覺出了變化，但他一開始並沒有直接挑明。後來發現小李越來越嚴重，就多次提醒他，希望他能夠為下屬樹立一個好的形象，小李有千百個理由來回答，比如他會說，他在晚上可以加班，因為很晚，所以第二天沒必要來的那麼早。他還會說，他外出不是為了自己，是為工作的事情出去與人商談等等。

由於老闆一直對他比較器重，也一時找不到其他更合適的人選來頂替小李的位置，所以也就聽之任之了。於是，小李從此以後更是變本加厲，「紀律」這個概念好像從他的大腦裏移除了。

最後老闆已經難以忍受，便委託人事部門秘密的招聘了一名可以頂替小李的人，當一切安排就緒的時候，老闆跟小李進行了長談；當然，小李還是被掃地出門了。

在公司裏，不要以為自己已經有所成就，就恣意妄為，也不要以為老闆對自己青睞有加，就不管不顧而蔑視紀律。有能力的人到處都是，但只有遵守紀律，讓老闆覺得踏實的人才會得到長久發展。

職場箴言：

1、千萬不要以為自己已經小有成就，就可以視公司的紀律於不顧，老闆更喜歡那些對公司制度表現出充分尊重的員工。

2、如果你已經養成了懶散，不守紀律的習慣，趕快改過來吧，如果你還想繼續在這個公司工作的話。

跟不上公司發展的人

有一個不爭的事實，那就是任何一個公司都希望自己所有員工的步調能與公司一致，不需要超前，但絕對不允許落後。跟不上公司發展的人，要不有特殊關係庇護，否則便有被開掉的危險。

在公司裏，有這樣一些人被認為是跟不上公司發展的。有些人雖然是公司的老員工，他們曾經為公司做出過不可磨滅的貢獻，但他們思想頑固，不肯接受新的事物，面對年輕的員工，他們思維僵化。但公司是要與時代步伐一致的，否則便只能關門了之，所以針對這些有過貢獻，但現在已經不能適應發展的老員工，每個公司都開始頭疼。這些老員工的貢獻，老闆不會否認，但不能坐吃老本，個人不進步的話，老闆也沒有辦法，畢竟企業是無情的，沒有幾個老闆是慈善家，公司也不是養老院。這些人自然有被公司拋棄的危險。

還有一些人，雖然年齡上來說比較年輕，但他們恃才傲物，或者工作不積極，態度不端正，有點吊兒郎當的感覺，自然他們與同期進入公司的那些人相比，他們也許一開始便不能適應公司的環境，自然日後也無法跟上公司的發展了。

很明顯，無論是曾經創造過輝煌的老員工，還是那些不思進取，或者無論怎麼努力都難以跟上公司發展的年輕人，都有可能在公司前進的道路上出局。

在管理與技術快速發展的今天，只有具備全面的業務技能，才能適應企業快速前進的步伐。我們應該努力學習、接受新事物，保持謙遜，不放棄任何學習的機會。有人曾說過：一個人活著除了為一天三餐而努力之外，其餘的時間都應該全部放在學習上。為了跟上公司發展的步伐，為了避免成為那個被淘汰的人，我們應該創造學習機會，利用學習機會，擴展自己的知識面，培養自己多方面考察問題的思維習慣，使頭腦更加靈活。

學無止境！不僅對學生如此，對企業中的每個員工也是如此。學習不是一天兩天，或者一個階段的事情，而應該貫穿於整個工作過程中，貫穿於人的整個生命過程中。同時，善於學習，適應變化也是每一個員工必備的工作技能。

少而好學，如日出之陽；中而好學，如日中之光；老而好學，如炳燭之明。

剛進企業的員工就好比是野生的花草剛進了花圃，而求知學習就好比是修剪移栽，修剪是一個長期的、不間斷的過程，花草如果長時間不修剪，就會變得雜枝橫陳，一個員工如果長時間不學習，大腦就會遲鈍，原有的知識就會落伍，就會遭到公司與社會的淘汰！

現在許多著名企業在錄用員工的時候，往往注重的是員工的整體能力，而不僅僅是一張文憑，如在微軟新員工進入公司之初，首先被告知的是：文憑唯一能代表的就是你前三個月的基本工資。

面對知識的不斷發展、更新，你要與時俱進，不斷地學習和提高自身的工作技能，否則就難以跟上職場的發展需要。因為我們賴以生存的知識、技能會隨著歲月的流逝而不斷地折舊，它就像大海的波浪一樣，不管前浪多麼洶湧澎湃，馬上就會被隨之而來的後浪所淹沒。在風雲變幻的職場中，腳步遲緩不願繼續汲取知識的人，瞬間就會被甩到後面。

殼牌石油公司的企劃主任德格說：「企業唯一持久的競爭優勢，就是擁有比競爭對手學習得更快的能力。」

到過ＩＢＭ公司的人都知道，其總部大樓上寫著「學無止境」四個字。ＩＢＭ公司每年都要花費十多億美元進行一百三十萬人次的職業化技能培訓。在培訓過程中，每天長達十多個小時的緊張學習壓得學員們喘不過氣來，但是卻很少有學員抱怨，幾乎每個學員都能完成學業。因為他們知道在這個時代，如果不想學習、不終身學習，其結果肯定遭淘汰。

曾經有位記者這樣問亞洲首富李嘉誠：「今天您擁有如此巨大的商業王國，靠的是什麼？」李嘉誠回答說：「知識。」有位外商也曾經問過李嘉誠：「李先生，您的成功靠什麼？」李嘉誠毫不猶豫地回答：「靠學習，不斷地學習。」的確，不斷地學習知識，是李嘉誠成功的奧秘！

其實，人的一生就是一個不斷學習的過程。不管你有沒有意識到，其實你也是一直在生活中學習、在工作中學習，但這種被動的學習效果肯定不會明顯。你只有自己首先具有這方面的意識，去激發自己的潛能，不斷地主動學習，這樣你才能適應變化，保持強大的競爭力，從而去實現夢想的成功。

不要讓自己表現得像一個頑固的木頭，讓我們成為一個善於學習的人吧，只有這樣，才能永遠緊跟時代發展的步伐、公司發展的步伐。

職場箴言：

1、如果你感覺自己已經跟不上公司的發展，那麼儘快轉變你的觀念，或者開始提高自己的技能吧，否則會有出局的危險。

2、當你進入一家公司，應該儘快適應，否則你會落後，積極的心態和良好的態度是關鍵。

第八章

公司裏申請加薪要知道的事

薪水是影響工作滿意度最重要的指標之一，加薪自然也成為眾多職場人士的渴望。可是，很多時候你感覺自己的付出遠遠大於獲得，而老闆卻無動於衷，絲毫沒有給你加薪的意思。這時你該怎麼辦呢？憤然離職、整天抱怨、怠慢工作都不是上策，不僅難以達成加薪的願望，反而會給自己的職業之路造成損失。我們來看申請加薪你必須要知道哪些事。

不要等著老闆主動給你加薪

每到年關，職場不免掀起風浪，有人醞釀著跳槽，有人期待著獎金，有人盤算著加薪，有關錢的話題一時間多了起來。工作，最直接根本的目的是薪資，只有老闆發薪水養活了自己才能投入工作。為了完成工作，表現出色，爭取老闆的青睞，你在拚命工作、加班，年復一年，你的工作量在不斷增加，業績也越來越突出，但薪水還是剛進入公司時期的水準，與你的付出不但是不成比例，而且還非常懸殊。怎麼辦？自己臉皮薄，不好意思開口，那只能等著老闆哪天「良心發現」了，但是老闆哪天才會發現呢？

公司是要計算成本的，老闆每天看到的是支出多少，盡量壓縮成本是他在追逐利益最大化時的另一條重要途徑，你的薪水也是公司開支的一部分，老闆主動要求「你的薪水是不是太低了，增加五〇％」的可能性太小，如果這一幻想破滅，你還是要在恰當的時候，提醒一下你的老闆，「我已經很多年沒加薪了。」

通常公司年底都會進行這一年的業績評估，根據評估的結果對員工在新的一年年初進行職位、薪水等各方面的調整，因此歲末年初可以說是員工要求加薪的最佳時機。從公司的角度來說，是否給員工加薪，主要考慮的因素有兩個方面：

一是市場行情，即外部因素。公司人事部門會調查同行業公司給付的薪資水準，看看本公司的薪資水準是否具有足夠的市場競爭力。倘若公司的薪資待遇與市場行情相比偏低，為了留住人才，老闆會考慮給員工加薪。

二是公司的人力資源成本，這是內部因素。老闆會根據每年公司的利潤指標以及人力成本的額度，來考慮公司的支付能力。倘若預期利潤有大幅上升，人力成本上的投入可以有所增加，加薪的可能性就比較大。

而具體到每個職位上的人是否能加薪，老闆首先會在心裏算一筆帳，一般先要確定某個職位在公司中的價值大小，以此作為薪資給付的主要依據，然後考慮市場行情變化、員工績效等，給予一定的上下浮動空間。大多數公司傾向於採用這種「以職定薪」的薪資模式，當員工的職位、承擔的職責沒有相對調整時，加薪通常只能在一個老闆認可的幅度內進行。

這種情況下，員工想要加薪，得先掂量掂量自己：過去一年中自己的業績表現突出嗎？

給公司帶來了可觀的價值嗎？明年是否能夠完成更多的業績，給公司創造更多的價值？我能夠承擔起更高級別的職責？倘若這些問題的答案都為「是」，那麼，在老闆仍不給你加薪的情況下，你可以主動出擊了。

自己主動向老闆提出加薪，一定要準備充分，想好自己加薪的理由，如果被拒絕後怎麼辦，因此不要盲目。

其實，加薪的關鍵也要贏得優勢。那些取得優勢的人就能賺到錢，相反，那些沒有優勢的人也就不能賺到錢。你是否在產品熱銷的地區工作，是否掌握著對公司做出巨大利潤貢獻的部門，是否具有公司稀缺的技能。

IBM下屬公司的一名專案經理喬依・P・克拉克曾經說過：「對於在收益、產量、顧客滿意度等方面取得明顯優勢的專業人員和經理們，加薪是有可能的。」

克拉克先生自從掌握了公司的最大顧客之後，在衡量自我價值時並不是很困難，因為這是一份十分容易衡量的工作。他說：「如果你能證明你掌握的部門具有高度的顧客滿意度，並且是一個獲利性強的部門，同時你的部門也正朝著顧客滿意度高的方向努力，那麼，你已經將自己置於強而有力的地位上了。」

但是，當你是一名不太容易與利潤掛溝的部門經理時，你該怎麼辦呢？這時，你需要展示自己的成績，每項工作都會給你機會為公司做出貢獻。也許，你所做的工作使公司成本實現了節約，或者使產量提高了。記錄下你取得的成績，當對過去的工作進行考評時，將你的成績寫在備忘錄上，並在考評之前送到你的上司手中。

同時，你還必須注意維持與上司的關係。在加薪這件事上，他是你唯一的盟友，或者是你最大的敵人。注意，當你上司的上司向他詢問有關為誰加薪的建議時，確保他是站在你的一邊。

你的年終考評也是你下一次加薪的開始。在考評的過程中，盡量明確你在來年要完成什麼目標，才能獲得一次加薪的機會，並且要清楚如何衡量這些目標。這樣能夠幫助你明確目標，但是想要做到這一點可能是困難的，因為公司嚴守其加薪政策，這點是盡人皆知的。儘管如此，你還是可以透過觀察和套問你周圍的同事來獲得一些線索。

除了要拿出有足夠說服力的理由外，你還要知己知彼，這樣才有可能會加薪成功。

在這個注重成本，以業績為導向的經濟社會，你個人經濟方面的需要與為加薪而進行的談判毫不相干。你最有力的論據是，你的專業表現，緊缺的勞動力市場以及其他一些因素，你在這個位置上的待遇低於你的市場價值，並且，你在這個位置上舉足輕重。

另外，每個公司都有特殊的文化，因此你需要拜訪經驗豐富的上司，向他們瞭解公司通常是如何處理員工的加薪的請求。

明確說明你的薪水目標，假如你給出一個要求的範圍，你的老闆通常會選擇這個範圍的下限。如果你的加薪要求沒有滿足，老闆提出了變相加薪方式也是可以接受。

其實作為老闆，在聽到你的加薪要求後，他就能把你的心思揣摩得八九不離十。所以，一定要客觀評價自己為公司創造的價值，要加薪憑的還是實力，有實力才能有說話權。如果自己是個可有可無或者本來就沒有使用必要的人，這種行為無疑是自找麻煩。而老闆也正等著機會「快刀斬亂麻」，以提高公司效率，節約成本。如果你的能力、實力、忠誠度等都可圈可點，在聽到你的加薪要求後，老闆自會做出判斷。如果公司始終拒絕你的請求，這時你可能得另謀他處了。這是你提升薪資最有保證的方法，當然，這是以市場需要你的技術和知識為前提的。

職場箴言：

在你已經成為部門、企業骨幹，付出與所得不成正比，且老闆沒有主動給你加薪的前提下，向老闆提出加薪要求很有必要。當然，不要因為自己有能力而盲目行動，一定要做到知己知彼，講求戰略戰術，這樣你的要求會得到滿足，與老闆的關係也會越來越好。

把握申請加薪的最好時機

如果你已經做好向老闆要求加薪的準備，此時一定不要盲目行動，挑一個好時機，可能會事半功倍。

人力資源專家認為，員工主動提出加薪，成功機率怎麼樣，除了與員工個人的業績表現有關之外，還與多種因素相關，比如公司目前所處的發展階段、管理制度、文化、發展現狀如何、公司的近期和遠期目標等。如果你身處公司的核心職位，且工作頗有建樹，為公司發展出力不少，如果你提出加薪，其成功比例相對會很大，但這也不是絕對的，申請加薪需要適當的時機，你要把握好「火候」。

首先，對公司目前的經營狀況要有所瞭解。在你提出加薪要求前，要整體考慮當前的經濟形勢，對公司上一年的經營狀況，以及下一年度的大概計畫有所瞭解。如公司上年度業績增長很多，或者你也完成重要項目，這時提出加薪就更容易實現。但如果剛好公司今年虧損，或者業績不好，你提出加薪就會讓老闆不容易接受。

其次，要瞭解公司關於加薪的政策、規章制度等。很多公司不會因為你的個人業績出色而隨時給你加薪，只在一年中的特定時間加薪；有些公司有固定的薪資等級制度，比如事業單位根據個人在這個單位的資歷、學歷、職稱等來設定薪資標準，有時即使你表現優秀也會因個人級別限制而無法給你加薪等。每個公司的加薪政策、制度都有所不同，如果你準備申請加薪，瞭解公司的相關政策是不可缺少的前提。

一定要清楚公司的加薪時間表。絕大多數的公司是從第四季度開始做下一年的預算，因此一般會在第二年的年初加薪。所以，如果你在年終向老闆提出加薪不是一個明智的決定。而同時，年終是公司比較繁忙的特殊時間段，總結、計畫很多，這個時候提出加薪有點「不務正業」，且擾亂老闆的思緒。

另外，年中也不是很理想的提出時間，這個時候大家都在為各自的任務、目標忙碌，爭取今年計畫的實現或超越完成。如果年初的加薪名單中沒有你的名字，或許是老闆認為你沒有加薪的必要，那麼在接下來的時間裏就要努力工作，取得理想業績，這樣臨近年終的時候就可以順理成章地提出加薪要求了。不過，有的公司規模小，人數相對比較少，操作比較容易，可能會隨時或者一年裏有固定的幾次，你可以抓住這些機會。瞭解了公司加薪時間表，對你加薪願望的達成有著重要作用。

掌握了大方向，就要從細處下工夫。你需要審時度勢，在時間、地點、場合條件都具備的情況下提出加薪。否則，突然提出，只會令老闆反感。不要在老闆心情不好、非常忙碌、身邊人很多的時候談加薪。如老闆正疲於應付財務問題，公司某項業務進展非常不順利，公司的某件大事攪得老闆心情不好，或因為公司意外的其他事情老闆正愁眉不展、壓力很大時，這種情況如果你提出加薪，其結果可想而知，還會令老闆對你的辦事能力打上問號。既然已經等了很久，就不要在乎老闆不開心的這幾天，雨後才能見彩虹。什麼時候是要求加薪的最佳時機呢？

年底業績評估報告出來之後。幾乎大多數的公司年底都會做業績評估報告，一般由個人述職、同事評價和主管評價三部分組成，根據這些業績評估報告給自己一個大概的得分，如果感覺還不錯，你可以趁熱打鐵找老闆談一下，既表明加薪態度又要表現出自己的成績和對未來工作的謀劃。

參與完成一個項目，開會總結此次活動，老闆充分肯定你的表現時，這就是一個好機會。尤其是原先並不起眼的你，作為這個項目的骨幹力量促成了這個項目的順利完工，這種機會不要錯過，有些老闆只是精神鼓勵，但如果你提出加薪，他也會考慮，如果你不提出，他是不會主動找你。

新職位上任前。如果因為你表現不錯，老闆調任你新的職位，而薪水並沒有增加時，或者老闆肯定了過去你的業績，又對你下一階段的業績提出更高要求時，你都可以趁機向老闆提出加薪要求。承擔更重的任務，需要更好的回報，這個時候，通情達理的老闆一般都會接受。

公司為需要添加新人而舉棋不定時。如果你所在的部門有點忙不過，但添加新人手又有點浪費時，如果你的能力可以且自己本職工作能圓滿完成，你可以在攬過這份工作的同時，與老闆商量一下加薪的問題。增加新人手，有熟悉、適應的過程，且成本要遠遠大於給你的加薪，你有理有據的說給老闆聽，他應該會接受。

老闆比較輕鬆、清閒，而且是一個人在辦公室的時候。你可以藉由談工作計畫或者跟他溝通工作事宜時，順便將你想要加薪的意圖流露出來。但需要注意的是，雖然你跟他交談的主要意圖是加薪，但你在和老闆交談中一定要注意把握分寸，別讓他感覺出來你談工作計畫的目的就是想要加薪，這樣會弄巧成拙，得不償失，一定要講究技巧。

現在，大家都很看重「情商」，認為這是一個人馳騁職場的重要籌碼。其實，跟老闆談加薪，也是運用「情商」的一種展現。所謂好的時機，就是根據你的「情商」判斷出來的好時機，公司關於加薪的時機，老闆比較容易接受的時機，在這點上，智商再高的人也需要仰仗「情商」。

曾聽到一個故事，說的是一家公司需要一個電腦技術人員。該公司在業內口碑不錯，正處於蒸蒸日上的階段，但是在電腦維護方面實在不敢恭維。鑒於公司快速發展的需要，老闆下大力氣請了一個比較專業的電腦人才，聽說其頗有些造詣。在該「人才」的努力下，公司的電腦運行、網站維護及運用都步入正軌，其才能也被同事肯定。本來，這樣的人就這樣在別人的讚美中安心工作了，誰知他突然想要加薪以回報自己的付出。而這幾天老闆正為下屬不小心得罪了一個大客戶而焦頭爛額，秘書看到「人才」小聲告訴他，沒有要事就別打擾老闆，他正煩著呢。誰知，這位「人才」不聽勸阻還是進去了，很快就臉臭臭的出來了，嘴裏還念念有詞「誰怕誰啊」。肯定加薪不成反被挨罵了，雖然過後老闆對此也有點抱歉，但是他由此也看出一點，「人才」做具體工作還可以，但不能做領導的工作。因為在老闆看來，如果你連察言觀色都做不到，就不會做好人際工作，更不會做好領導角色。

職場箴言：

不是每個人都有主動要求加薪的勇氣，如果你覺得自己有足夠的理由，就一定要注意把握時機，既要把握公司發展大局也要把握老闆的情緒，既要對公司的加薪規定熟記於心，也要對老闆的近況倍加關注，「知己知彼，百戰不殆」，加薪亦如此。

拿工作結果去申請加薪

老闆憑什麼給你加薪？沒有足夠的理由，沒有充分的證據，向老闆提出加薪只能是自討沒趣。在決定是否加薪時，老闆考慮的是該員工的價值是否多過他目前得到的薪水。所以，在提出加薪要求前，首先需要考慮的是：

一、你的付出和回報是否成正比，

二、你是否創造了遠高於你薪資的價值，

三、在過去一年內你的工作量是否加大，薪水卻沒改變，

四、或者在進公司時就對薪資不滿？

如果你屬於前三種情況，覺得自己在過去的一年中表現不錯，且有超額或高於要求的貢獻，那你有資格提出加薪了。如果是最後一種情況，那你就要仔細考慮如何去說服老闆了。

能否達到加薪的目的，和自己提出加薪的理由有直接關聯。

向老闆提出加薪，你以往的業績、工作結果是關鍵。不要和老闆訴苦你正在貸款，也不要說金融危機讓你的日子不好過，或者你因為要成家、生孩子，需要買房購車，這些個人消費問題除了讓老闆對你心生反感外，只會對你加薪產生負作用。是否加薪是你過去的成績而不是你的需要來加薪，如果老闆因為你嘮叨了「日子不好過」就輕鬆給你加薪，讓公司豈不是慈善機構？你必須向公司證明你值得加薪，而不是你的需要來加薪。抓住自己所做出的業績，表現出足夠的信心，有理有據，你才有可能說服老闆。

向老闆提出加薪，一定要想好理由。不過這些理由絕對不能只是需要錢，公司並不在乎你是否付不起房租，是否被房貸車貸的還款逼得一籌莫展，你的薪資只取決於你對公司的貢獻。你要總結自己這一年的工作，把自己的工作成績，以及你對於公司的貢獻，清晰地羅列出來，成為要求自己加薪的充分依據。

要拿出有說服力的業績事實和資料，可以從兩方面入手：

1、日常注重累積，除了年終總結報告及日常工作報告，還應將自己對公司的貢獻事無巨細地記錄下來，整理成書面資料，充分展示出自己做了哪些工作。

2、記錄下在本職工作外所完成的額外任務以及相關的成果，以及這些任務為公司帶來多少收益。

切忌缺少準備，用詞模糊。老闆想知道的是，你對公司的貢獻真的做得夠多嗎？你能用資料來證明你所謂的「付出」嗎？所以，充分的準備是加薪成功的必然條件。而這些準備的前提是，你必須在以前有過這些成績。

曾經有位公司經理在閒聊時，說起自己公司的一件「有意思的事」。有一個員工平時不認真工作，總是喜歡耍小聰明，大家也都知道他是這樣的人，不過沒有原則性問題都不太在乎。一次，他開溜到會計室，看到會計不在就在那翻東翻西，突然就看到同事的薪水單，心裏頓時不是滋味，與同事相比，他的薪水差了一大截。趁著會計還沒回來，他趕緊走了。沒過幾天，他就去找老闆要求加薪，理由很充分，資料準備的也很詳實，按照職位職責把自己的工作業績羅列了一遍，甚至也替同事做了一份帶去。這位老闆一看心裏就笑了，但語重心長的跟他說：「小劉的確跟你職位同樣，但他已經能夠獨當一面了，你也看到他一直出差在外自己運作吧。你是完成了自己的工作，不過其中有多少是你主動、積極完成的？其實，你很聰明，如果好好做，肯定不會比小劉差。」從那以後，他老實了很多，工作也大有起色。

主動向老闆要求加薪不是件容易的事，而說服老闆更是難上加難。雖然你做好了心裏準備，想好了說辭，但根本還在於你曾經的工作業績和對未來的謀劃。就像你買東西一樣，如果你沒帶著錢，只是努力用「我很有錢」之類的語言，來說服陌生賣主先把東西賣給你，相信你不會成功的。加薪也是如此，只有拿出最有說服力的工作結果，老闆才會「心動」。

曾經有一個年輕人就職於某公司，而同事多半是靠關係、走後門進來的，也就不太認真工作，每天只是聊天打屁。但他知道自己進入公司不容易，因此每天都努力工作。後來，又先後參加了全國性的展覽、交流會，創辦公司網站等，在公司宣傳方面終於可以獨當一面。面對工作的進步，他很欣慰，但薪水的不理想令他苦惱，前思後想他決定向主管提出加薪的要求。主管在聽到他的要求後，雖然很肯定他的工作和成績，但告訴他薪資是由公司統一決定，所以不能隨意改動。思量一番後，他便向主管遞交辭呈。主管由於不想失去了一個好員工，就先後與公司溝通了好幾次，終於得到公司的批准，他如願以償實現了加薪。而這個年輕人也知恩圖報，在工作表現也越來越出色。如果只是一個可有可無的員工，哪個主管會跑到上級面前饒舌？如果他和別人一樣只是每天混日子，或許主管聽到「加薪」二字，就可能把他善意給辭退了。

其實，無論對員工個人還是對老闆來說，加薪並不可怕，怕的是你沒有業績、沒有工作成果就要求加薪，如果加薪不成，你感到失望，老闆對你的看法或許也會發生改變，所以提出要求前要三思。給自己一個自信的理由，才能讓老闆覺得你確實值得加薪。

職場箴言：

你想要一樣東西，總會想出各種理由，加薪也是如此，老闆需要你加薪的理由。但這理由不是空洞的，是看得見的工作業績、創造的效益和價值，這樣老闆才會理所當然的給你加薪；你不是需要加薪，你是值得加薪。

你是否不可替代？

如果你擁有別人沒有的優勢，能創造別人創造不了的價值，你就是那個不可替代的人，是這個職位的核心人物。對於一個企業來說，這樣的人是其快速運行的支點；對於老闆來說，這樣的人是他最中意的，是他欣賞的「得力戰將」。

在日常工作中，仔細觀察你就會發現，對於公司裏位居核心職位且有絕對優勢的人，老闆對其寵愛有加，即使偶爾出錯或性格怪異，老闆也會寬容。金融危機來臨或者公司有困難，為了裁員來壓縮成本時，這種人是不會出現在被裁的行列裏，被裁的只是可有可無的部門和員工，是可以被替換的那些。對於老闆來說，員工的價值及潛在優勢是最為重要的，如果你不能為他帶來價值，捨棄你對公司沒有什麼損失，那你在公司的位置就已經岌岌可危了。在競爭加劇，人才不斷湧現的今天，能否成為公司裏那個不可或缺的人，對於職場中的每個人都至關重要。

紐約一家五星級大飯店有個小廚師，長相並不出眾，每天笑呵呵，似乎從沒有煩心的事，誰說他兩句他也不在乎，照單全收。他沒有什麼特別的長處，做不出什麼上得了大場面的菜，所以他只能在廚房裏當助手。不過他會做一道非常特別的甜點，把兩顆蘋果的果肉都放進一顆蘋果中，那顆蘋果看起來就特別豐滿，可是外表上看，一點兒也看不出是兩顆蘋果拼起來的，就像是天生長成那樣子的，果核也被他巧妙地去掉了，吃起來特別香甜。

有一次，一位長期包租飯店的貴婦人發現了這道甜點，品嚐後，她十分地讚賞。吃了幾次後，她特別約見了做這道甜點的小廚師。貴婦人雖然長期包租這座飯店一套最昂貴的套房，但一年中也只有不到一個月的時間在這裏度過，不過她每次到這裏來，都會指名點那道小廚師做的蘋果甜點。

由於飯店經營的並不是很理想，年年都要裁掉一定比例的員工，經濟低迷的時候，裁員的規模會更大。但那個不起眼的小廚師卻年年風平浪靜，繼續在廚房當助手，偶爾做客人要的蘋果甜點。你知道其中的原因嗎？原來，那位貴婦人是這家飯店最重要的客人，而這個不起眼的小廚師因為一道蘋果甜點，就成為飯店裏最不可或缺的人。

你的技能別人沒有，你的優勢別人不能比，這就是你安身職場的理由。一道蘋果甜點，比不了大場面上的招牌菜，頂不了一道味道醇厚的美湯，但卻是小廚師職場的「守護神」，在關乎飯店發展的條件上，這道不起眼的甜點就是籌碼，是小廚師的「獨家技巧」，具有不可替代的價值。熟練掌握一門專業技能，不管別人是否看重，自己都將其練成「獨家絕活」，只要時機成熟，你就是這門專業的挑大樑者。如果你對什麼都有興趣，但又都只是三分鐘的熱度，淺嘗輒止，那你就永遠是半瓶水，是老闆想起來不知道你到底有什麼價值的人，是每個公司裏都會被別人頂替掉或率先裁掉的人。

業務上的技能是練出來的，而首要的一點就是，不要有畏懼的情緒，要勇於挑戰高難度的工作，這樣的員工善於擔當，在擔當中鍛鍊能力；同時這樣的員工是公司最歡迎的人，能夠正確面對壓力，透過積極的努力，化壓力為動力，最終出色完成任務，這樣的人將會在同事中脫穎而出，得到公司和社會的高度認可。

在工作中經常會遇到這種事，工作堆積如山，壓得你喘不過氣來，而這時老闆卻偏偏又給你分配下來新的任務。這時的你千萬不要有任何怨言，或表現出不耐煩的情緒，而是要積極的接受，認真的對待，並以最快的速度、最好的品質完成。

老闆屢次交重任於你，是他對你的信任，如果因此而不開心或貿然拒絕，不但會影響老闆以往對你的器重，而且對你未來的工作將會打上問號。仔細想一想，能有一大堆工作去做，說明你的能力很強，你只要耐心的有計畫、有步驟的把每件事情做好，就一定會取得令你意想不到的好結果。

話說《富比世》雜誌才華洋溢的總編大衛・梅克，對待下屬不留情面，總是一副冷冰冰拒人千里之外的模樣。很多次他在大家著手準備下期刊物的時候，叫人傳出話來：「在這期出刊以前，你們當中一定有一個人會被解雇。」搞得人人自危。

有名員工實在擔心，因此緊張的不得了，最後乾脆直接跑去問大衛・梅克：「總編，你要解雇的是不是我？」大衛・梅克慢條斯理的說：「本來我還沒想好是誰，不過，既然你提醒了我，那麼就是你了。」於是，那名員工被當場炒了魷魚。

雖然人人自危，但你連對自己的一點自信都沒有，這樣的人肯定不能成為公司的核心員工。其實，不管你接受的工作多麼艱巨，你面臨的形勢多麼嚴峻，都不要表現出你做不了或不知從何下手的樣子。驚慌失措是職場中最忌諱的，沉著鎮靜、處變不驚的人，才是職場最終的勝利者。老闆欣賞臨危不亂的職員，唯有這種員工才有能力乘風破浪、獨挑大樑。

如果老闆交代的任務確實有難度，其他同事畏縮不前時，而你有能力可以出來承擔，關鍵時刻就顯示出你的膽略、勇氣及能力，這樣能迅速讓老闆對你另眼相看，為自己以後的發展打下基礎。

擁有良好的計畫和執行能力，也是成為公司核心員工的重要品質。在公司發展形勢一片大好的前提下，大部分的員工都能按部就班，表現不錯，而老闆處於順境中的心態也會讓他對每個員工都有好的評價。對於一個有心人來說，不管公司處於哪種境況，你都該有自己的工作風格、習慣，這其中主要是良好的計畫及執行能力。一旦公司面臨不太如意的形勢，這兩項能力就可以幫你在困境中有所斬獲，更重要的是，對公司業務維繫、下一步的拓展會有所幫助，對公司走出困境也有很大的積極作用。雖然此前你並不突出，但這會讓老闆重新發現你，對你委以重任，逐漸成長為不可替代的那個人。

那些不可替代的員工，他們工作的目的，已經不再將高收入作為唯一的目的，在努力付出中他們還著力於實現自我，陶醉於自己對公司的價值，在這種前提下，不論市場如何變幻，他們都能積極、熱情的應對，在創造中實現自我價值。

職場箴言：

公司需要時刻都能創造價值的人，老闆希望自己的員工不論在何種情況下都能獨當一面，而你自己也希望是公司中不可替代的那個人，這是我們生活的需要，也是自我價值的需要。公司會留住最有價值的員工，你也會在價值創造中實現自我，成長為不可替代的人，是一個雙贏過程。

討價還價需要智慧

經常逛街的女性朋友，對買東西樂此不疲，而如果在討價還價環節「勝出」，更是沾沾自喜。不過，不要以為討價還價就是簡單的幾句，「老闆，算便宜點吧」，這裏面暗藏著智慧和技巧。比如，一到店裏就看上了一件物品，有經驗的人心裏暗喜但臉上不動聲色，看了一陣子會假裝毫不在意的隨意問老闆價錢，然後找出這件物品的諸多不足來掩蓋優勢，直到達成讓買主滿意的價錢。有些人乾脆做出不降價就走人的架勢，老闆一看只要不虧本，就會降價把東西賣給他。

討價還價是個運用智慧的過程，你充分發揮技巧性才能在交易過程中接近自己的目標，而又不至於讓交易失敗，跟老闆提加薪也是如此。主動和老闆提加薪不是一件隨便的事，也不是一件時常都可以發生的事，所以要預先做好充分準備，考慮一下各種可能出現的情況，權衡一下各種情況所導致的利弊得失，再來想想到底還要不要提加薪，只有這樣才會有更大的把握。

和老闆開口提加薪，就是一個雙向溝通的過程，怎樣讓這個溝通過程有效，就要充分運用你的智慧，發揮你的能力，讓老闆樂意接受你的加薪申請。

小張進入這家公司已經工作五年了，從沒和老闆談過加薪問題。雖然他自認工作態度和業績都還不錯，也沒犯過錯誤，可是老闆對他原地踏步的薪水卻一直視若無睹。

慢慢的，他想加薪的想法越來越強烈。有朋友建議他跳槽，不過小張並不想改變已經習慣了的工作環境，但現有的薪水又的確難以讓他滿意，於是他決定暗示老闆。有過數次暗示後，老闆要嘛裝聽不懂，要嘛就用一些的理由給擋回來。終於有一次，小張忍不住當場請教老闆：「到底怎樣做才能達到加薪要求？」這一問，老闆就開始滔滔不絕，他坦誠地說起了小張工作中需要改進的地方，應該注意的事項等，小張默默地把這些意見記在心裏，決心及時改進，作為下次談判的籌碼。

就這樣，經過小張有計畫的改進，加上他本來就不錯的表現，最終達到了老闆的要求，於是完成了加薪的心願。

工作中肯定會有很多像小張這樣的人，想要加薪卻被老闆以各種理由搪塞，於是有些人要嘛跳槽，要嘛無奈地安於現狀。其實談加薪的時候需要勇氣，需要你和老闆坦誠溝通。公司在追求利潤最大化的驅使下，會節約一切開支，不過加薪是員工的正當權益，不是乞討。如果覺得自己有足夠的加薪理由，一定要把自己的人格和老闆放在平等的位置上，大膽詢問自己的不足。如果老闆提出問題或批評，也要心平氣和地傾聽，而不是惱怒的拂袖而去，這只會讓你在公司的處境更艱難。不卑不亢，有理有節，自然不會令老闆反感。

和老闆談加薪，切忌和其他同事或者同行公司的薪資作比較。永遠都不要說自己比公司裏誰誰做得更好，也不要說哪家公司相同職位薪水是多少，這些不是你與老闆討價還價的理由，相反只會讓老闆對你產生懷疑。如果你的要求被老闆以各種理由拒絕，你不妨再好好想想自己對公司的貢獻，同時表明你跟老闆談薪的目的不僅僅著眼於工資單上的數字，更著眼於自己將來的發展，讓老闆看到你的工作品質。

小羅畢業於知名大學，現在一家美國跨國公司任職。他的工作地點是上海，和當地消費水準相比，月薪還算理想。兩年後他被調到了美國總部，和美國同行相比，小羅的薪水不但低得可憐，也僅夠租房吃飯，於是要求加薪的想法越來越強烈。恰逢本年度業績評估報告出爐，小羅的業績表現處於中上等，他決定抓住這個機會和上司談談。

談話中，小羅開門見山，直接表達了想要加薪的願望。上司微笑著問：「你準備怎樣說服我？」

小羅攤開面前的第一份資料，上面記載著他進入公司以來的優秀表現和重大業績。一一陳述完畢，他又打開一份自己自進入公司以來的工資變動曲線圖。圖表清晰表明，小羅的工資漲幅一直不大，明顯低於同行水準。同時，小羅強調說，自從來到美國，自己又拿到了MBA學位，工作能力大有提高，薪水理應增加一個台階。

上司聽完，爽快地說：「公司將繼續觀察你一段時間，如果的確在工作中表現出了比以前更強的能力，可以考慮加薪。」此後不久，小羅的加薪願望就實現了。

相對來說，小羅所在公司由於規模較大，管理規範有著較為完善的薪資獎勵制度，因此在他提出加薪要求時並沒有其他負擔，這是比較有利的一方面。如果是在處於成長期的中小企業工作，提出類似要求時就需要更加含蓄委婉。另外，小羅對工作業績的陳述、專業能力加強方面的學習等，是加薪成功的必要條件，這些是跟老闆提出加薪必須要表明的，是你討價還價的理由。不過，需要注意的是，在整個加薪過程中，小羅並沒有提到工作地點和生活成本變動，這是他成功的地方。雖然生活成本增加是要求加薪的重要理由，但這構不成你加薪的理由，和老闆談加薪最好別提這條理由，因為這表明員工對公司的薪資制度產生了質疑。與自己生活有困難需要更多薪水相比，工作中自己的業績和現實薪資水準更有說服力。

很多時候，你的老闆並不知道你每天都在做些什麼，所以你必須把自己的成績以各種不同方式展示出來。當你有機會跟老闆談別的事情的時候，順便說說你最近取得的最大成果。讓老闆知道你成績的最好方式就是和他分享成績，告訴老闆你們小組取得了很棒的成績，這樣你就可以盡情拔高，又不顯得像在吹牛。

記住一點，即使你只爭取到了很小的薪資漲幅也是有價值的，因為你未來所有的加薪、獎金和退休福利都是以這個薪資為基礎進行計算的。

員工主動提出加薪，切忌就談薪而談薪，直接衝到老闆辦公室，說：「我要加薪！」你馬上會得到老闆一百個以上拒絕的理由。一般來說，加薪談判的方式、技巧可歸結為兩種：

一是以理服人。比如，老闆正好在考慮明年的某項重點業務，而你正好對此有一些想法，不妨以此為主題，向老闆獻計策，同時談談自己在新年裏的發展規劃，讓老闆感覺你有誠意在公司長期發展，是個好幫手，最後再提出，倘若有可能，自己的薪水能否適當有所上漲。

二是旁敲側擊。比如，吃飯的時候在老闆的秘書面前不經意地說：「唉，今天有獵頭公司的人打電話給我」；或者請客戶跟老闆聊聊，「你們公司的薪水好像不高，不少人想走」；再有，拿份薪資調查資料給老闆看看等等。

另外，討價還價時還需注意：不要比較別人，公司忌諱到處打聽別人的薪水，因為有薪資保密制度，你以此為理由已經棋輸一招；不要從私人理由闡述，就像物價上漲，生活困難，正在貸款等個人消費問題都不是好的理由；不要威脅，比如某公司已經出多少錢請我去什麼的，有時弄巧成拙，老闆假戲真做，你可能就沒有退路了。

職場箴言：

跟老闆談加薪不是上戰場，要嘛你死、要嘛我亡，多動點腦筋，運用智慧，以巧妙方法達到目的，即使老闆沒有立刻達成你加薪的願望，你也該讓老闆看到你願意為他工作，經常在替公司發展著想。

第九章

公司裏生存下來要有的心態

巴爾紮克有一句著名的話：「苦難對於強者來說是一塊墊腳石，對能幹的人是財富，對於弱者卻是一個萬丈深淵。」這句話充分說明了一個道理，也向我們展現了一個事實，那就是我們在苦難和困境中會取得什麼樣的結果，關鍵在於我們採取什麼樣的人生態度。從這一點上來說，心態顯得比現實更重要。

公司裏人際關係複雜，難免會遇到一些的挫折、誤解甚至污蔑，面對這些，你是否有坦然的心態，忍耐的度量和反擊的智慧。

用平常心面對批評

提到阮玲玉，無人不曉，對於她的死也是轟動一時。她是一個活躍在舊中國二、三十年代的著名影星，一個在銀幕上塑造了各式各樣被侮辱與被損害的婦女形象，而自己也被黑暗社會扼殺的天才演員。最後，她卻只有萬般無奈地選擇自殺。緣何要自殺呢？只為人言可畏。正如她在遺言中所說：「想了又想，唯有一死了之罷。哎，我一死何足惜，不過，還是怕人言可畏。人言可畏。人言可為畏呀！」

可見，有時候人言蜚短流長，確實會讓一個人處於困境當中。

但是，受人批評是正常的現象。在現實生活中，有的人自以為是，覺得誰都不如自己聰明，不屑於聽取他人的批評；有的人虛榮心作怪，認為別人提不同意見就是對自己不敬，聽不得批評；有的人對自己缺乏信心，什麼事都怕別人批評，好像有人批評天就會塌下來。其實，一個人的智慧總是有限的，再聰明的人也不可能任何事情都比別人高明。何況，大多數提不同意見的人是出於善意，出於一種責任，出於對被批評者的關心。一個人，特別是一位領導者，其做出的決策和所言所行受人批評是正常的，沒有人批評反而是不正常的。

因此，每一個人都應該破除自以為是的想法，去掉虛榮心理，敢於讓人批評。尤其是一些已經擁有絕對權威或一心想擁有權威的領導者，更應該明白，如果你所有的決策總是得到眾人一致的讚揚，那是非常危險的，因為世間根本沒有人能夠英明到沒有不足和無所不能的地步。有的人習慣於追求百分之百的贊成票，一旦出現或多或少的不贊成票，就覺得丟了面子，一再猜測、分析甚至追查這些不贊成票的來源。其實，在小範圍內，在一般性問題上，可能有百分之百的贊成票，但在較大的範圍內，在涉及重大問題上，百分之百的贊成票是百分之百的假象。在一個班子內和一個群體中，由於每一個人所受的教育、認識問題的水準和角度、性格、年齡、閱歷及自身的地位，所處的環境和所代表的利益等，各方面存在著差異和不同，對人和對問題的認識是不可能百分之百一致的。即使是同一個人，在處理重大問題時的想法也常會出現矛盾，需要經過反覆的思考和權衡，才能形成成熟的意見。一項大的決策能夠得到大多數人真心實意的贊成，就可以了。如果出現百分之百的一致，那一定是表面上的，表面上的一致是非常可怕的。人們心中有不滿，有不同意見，當面不說，就會背後說；如果背後也不敢說，那一定會怨在心中，恨在心中，這些不滿和怨恨累積到一定程度，就會暴發。

其實只要我們抱著一顆平常心去對待這一切，我們會為自己煩惱的心情做出另一番安祥。

唐代慧宗禪師酷愛蘭花，有一次，他要外出弘法講經，臨行前吩咐弟子們看護好他精心培育的數十盆蘭花。

弟子們深知禪師愛蘭，因此非常細心地侍弄蘭花。但一天深夜，狂風大作，暴雨如水柱，弟子們偏偏在這天晚上將蘭花遺忘在戶外。第二天清晨，弟子們出門看時，只見眼前一片狼藉，破碎的花盆，倒塌的花架，還有被連根拔起的蘭花。幾天後慧宗禪師返回寺院，眾弟子忐忑不安地上前迎候，準備領受師父的責罰。

得知原委，慧宗禪師泰然自若，神態平靜而祥和，他安慰弟子們說：「當初，我不是為了生氣而種蘭花的。」

就是這麼一句平淡的話，在場的弟子們聽後，如醍醐灌頂，大徹大悟，對師父更加尊敬佩服了。

是啊，「我不是為了生氣而種蘭花的。」這看似平淡的一句話，卻透著精深的佛門玄機，蘊含著人生的大智慧。依此，我們可以說：

我們不是為了生氣而工作的；

我們不是為了生氣而與人交往的；

我們又何嘗是為了生氣而生活的……

生活在這個世界上，誰不想快快樂樂？人們的人生觀不同，對快樂的理解和追求也不同。有人以奮鬥為樂，有人以挑戰為樂，有人以安逸為樂……其實，快樂更多的時候是一種心境，「得意淡然，失意泰然」則是快樂的一種最高境界。

人們常說：「人生不如意事十有八九，有得便有失，有苦也有樂。」當面對批評時，與其生氣、哀傷、逃避，還不如在心田栽棵快樂的蘭花，用堅韌與豁達去化解心中的煩惱。心中有了快樂的蘭花，幸福就會與你相伴。

每個人有每個人的心思，不能強求其他人都跟自己想的一樣。在公司裏也是如此，免不了會有流言是非，自己一不小心就成了別人背後攻擊的對象。有些人會覺得委屈，有些人則去找當事人據理力爭，無論哪種做法，都不值得嘗試。覺得委屈，只會讓自己心情鬱悶，據理力爭也只會讓彼此關係更加緊張和尷尬。當然，像阮玲玉那樣極端的做法更不值得提倡。

在公司裏要有好的心態，首先自己不要隨便搬弄是非，其次，當自己成為別人批評的對象時，最好在心知肚明的情況下默不作聲，所謂：有則改之，無則加勉。盡量做好自己的事情，少理會這些東西，才會讓自己的精力多投入到業務提高上來。

阿亮不滿原公司的薪水，就跳槽到目前的公司。後來同事瞭解內情後，就開始對阿亮的做法說長道短。阿亮煩悶不堪，難以應對。

實際上，「水往低處流，人往高處走。」作為一名職場人，選擇薪資待遇高、適合自己發展的企業合情合理，況且阿亮在新公司已基本站穩腳跟，待遇和職位也有提升，這就說明當初的決定是正確的。

面對同事的批評和工作的壓力，阿亮應學會調整心態，排解壓力，正確面對。畢竟別人說什麼，自己無法阻止，相信隨著時間的推移，批評自然會消失；對於同事的抵觸情緒，阿亮千萬不可抱著以牙還牙的心態與同事大動干戈，而應腳踏實地的做好本分工作，並在工作中注意團結、善待同事，主動與同事進行溝通。人心都是肉長的，只要阿亮真誠地對待同事，自然會換來同事的理解和支持。

新企業，新職位，一切都需要重新熟悉，慢慢適應，在工作中遇到一些壓力是很正常的。正所謂：「做一行，愛一行，專一行」，只要及時調整心態，迅速進入角色，腳踏實地的工作，壓力就可轉變為動力。

上司和同事更注重人的品行和能力，只要阿亮能友好地善待每一位同事，不斷提升自己的工作能力和水準，同事的批評和抵觸情緒自然會逐漸消除。

總之，對於一些批評，我們應抱以平常心，用豁達的心態去面對。自己看開了，就沒什麼能壓倒你。

職場箴言：

1、如果別人因為誤解你而背後議論你，那麼不要爭執，誤會總會化解的。

2、如果你有同事，就喜歡在背後批評別人，而你不幸成為其批評對象的話，少理會這些，把精力放在業務能力的提高上來，謠言總會不攻自破，而且老闆是沒有多少時間關心員工之間的流言蜚語的。

忍耐將會是一片天

提起「臥薪嚐膽」的故事，相信大家都非常瞭解。說的是春秋戰國時期，越王勾踐在一次戰爭中被吳國打敗，只得向吳王屈辱求和。在吳王的威逼之下，勾踐還到吳國宮廷中服了三年的苦役，過著牛馬不如的生活。勾踐佯裝稱臣，為吳王夫差養馬，吳王患病，勾踐親口為其嚐糞，獲得信任，最後被放回國。回國後的勾踐體恤百姓，減免稅賦，並和百姓同吃同住。他還在頭頂掛上苦膽，經常嚐膽之苦，憶在吳國所受的侮辱，以警示自己不要忘記過去。經過十多年的艱苦磨練，勾踐終於一舉滅吳，殺死夫差，實現了復國雪恥的抱負。

同樣，三國時期的諸葛亮污辱司馬懿的故事也是人人皆知。諸葛亮六出祁山時駐紮五丈原，司馬懿深知自己的韜略不如諸葛亮而採取拖延戰術久不出兵。諸葛亮派人向司馬懿送去一套女人服裝，並遞信說：「你如果不敢出戰，便應恭敬地跪拜接受投降；如果你羞恥之心還沒有泯滅，還有點男子氣概，便立即批回，定期作戰。」司馬懿的左右看後，非常氣憤，紛紛請戰，但司馬懿卻堅守不戰。不久諸葛亮因積勞成疾而死，司馬懿沒傷一兵一將，不戰而勝。難怪古人說：「必須能忍受別人不能忍受的觸犯和忤逆，才能成就別人難及的事業功名。」

從人人皆知的歷史故事中，我們看到真正的成才之人，都有一樣共同的東西，那就是忍耐的品德。但在現實生活中，我們卻不難發現，一些人為了自己的一點蠅頭小利，斤斤計較，與對方針鋒相對，乃至大打出手；還有的人眼裏進不得沙子，得理不饒人。至於因一句過頭的玩笑而反目成仇，因陌路相撞而大打出手，因鄰里糾紛而刀槍相見，更是數不勝數。

在公司裏，利益相爭不可避免，有些人只為眼前利益，而鋒芒畢露，甚至與他人為敵，最後的結果肯定不會很好。也有些人，因為別人的陷害，而一時難以控制，造成不良影響。

忍耐，是成功的基本素質。一些公司招聘，就把它作為一項重要的考察內容。

某公司一個重要部門的經理要離職了，董事長決定找一位才德兼備的人接替這個位置，但應徵的人都沒有通過董事長的「考試」。

這天，一位三十來歲的留美博士來應徵，董事長卻通知他凌晨三點去他家考試。這位年輕人如約去按了董事長家的門鈴，但是始終未見有人來應門，一直到早上八點鐘，董事長才讓他進門。

考試的題目是董事長口述的，董事長問他：「你會寫字嗎？」年輕人說：「會。」

董事長拿出一張白紙說：「請你寫一個白飯的『白』字。」

他寫完了，卻等不到下一題，疑惑地問：「就這樣嗎？」

董事長靜靜地看著他，回答：「對！考完了！」

年輕人覺得很奇怪，這是哪門子的考試啊？

第二天，董事長在董事會上宣布，這名年輕人通過了考試，而且是一項嚴格的考試！

董事長說明：「一個這麼年輕的博士，他的聰明與學問一定不是問題，所以我的考試更難。」隨後又解釋說：「首先，我考他犧牲的精神，我要他犧牲睡眠，凌晨三點鐘來參加公司的考試，他做到了；我又考他的忍耐，要他空等五個小時，他也做到了；我又考他的脾氣，看他是否能夠不生氣，他也做到了；最後，我考他的謙虛，我只考堂堂一個博士五歲小孩都會寫的字，他也肯寫。一個人已有了博士學位，又有犧牲的精神、忍耐、好脾氣、謙虛，這樣才德兼備的人，還有什麼好挑剔的呢？所以我決定任用他！」

相信每個人都希望做一番事業，可是往往很多人都想要一步登天。不積小流，無以成江河；不積跬步，無以至千里。首先我們要放下自己的身段，來認真做好每一件事情，把絕大多數人能做好的事情做好；其實走向成功不僅僅需要淵博的學識，更重要也許是每個人的氣度，一些細節的處理，往往左右著每個人未來的成就。

忍耐是一種態度，這種態度可以讓你以一種平常心面對任何挑戰；忍耐是一種胸襟，這種胸襟可以讓你化解所有困難阻礙；忍耐是一種情操，這種情操可以增加他人對你的信任感，使你在錯綜複雜的人情世故中立於不敗之地。

在公司裏，有時候可能任務上主管會分配不公，但不要斤斤計較，可以把其當成一種鍛鍊。有時候同事之間會有所猜忌，或者受到不公平的待遇，但既然自己選擇了這家公司，那麼忍耐是讓自己成長最好的途徑，如果不能忍耐，什麼事情都由著自己的性格，則會容易放棄，不利於自己的進步。

有時，在工作中，某些同事或是因為情緒不好，或就是喜歡譏諷別人，會不經意地對你喊：「你以為你是誰？……你以為你很了不起嗎？……難道這就是你那所高等學府教給你的東西嗎？」等等帶具有威脅譏諷性的話。他這樣喊的目的很簡單，就是想讓你失去心理平衡。這時，就看你的忍耐性了。如果你不想讓事情鬧僵，你可以很不解地問：「你有什麼事情要我做嗎？」如果他知趣，會自動敗下陣去。而如果他是那種攻擊性極強的人，那你就乾脆走開，與這種人對陣是最沒意思的。當他沒有了發洩對象，也就老實了。

職場上，聽不慣的、看不慣的、不順心的、不如意的，人也好、事也好，都叫人生氣，叫人痛苦。我們必須做到一個字：忍；兩個字：忍耐。

人上一百，形形色色。改變不了別人，就改變自己對別人的態度，就忍一忍。忍不是寬容，寬容需要理解，忍是一種直接改變自己態度的策略。

每個人都是上帝的孩子，看在都是人的份上，忍一忍，不要去計較什麼。再沒有修養的人，再爛的人，不都還是人，尊重他們了，這樣的話，忍耐才可能被培養成一個好習慣。

總之，忍耐和辛勤工作，是中國傳統文化崇尚的品德。當工作不順心時，你要學著去忍耐，把忍耐當作是一種磨練，也許前面就是另一片天。

職場箴言：

當忍無可忍的時候，告訴自己再忍一忍，也許前面就是另一片天。

再苦也要笑一笑

在西班牙內戰時，有一位國際縱隊的軍官不幸被俘，並被投進了陰森可怕的單人監獄。在即將被處死的前一夜，他搜遍全身竟然才發現半截皺巴巴的香煙。此時，他很想吸上幾口，以緩解臨死前的恐懼，可是他發現自己身上沒有火。於是，他艱難地走向鐵窗，向鐵窗外的看守士兵再三請求。最後，鐵窗外那個木偶似的士兵總算毫無表情地掏出火柴，點著了火，並且把火伸向了鐵窗內的軍官。當四目相對時，軍官不由得向士兵送上了一絲微笑。令人驚訝的是，那士兵在幾秒鐘的發愣後，嘴角也不由自主地向上翹了，最後竟然不可思議地也露出了微笑。後來兩人開始交談，談到了各自的家鄉，談到了各自家中的妻子和孩子，甚至還相互傳看了珍藏的家人合影照片，在他們談話的時候，這位軍官已經是熱淚滿面了。沒想到那位士兵竟然動了真感情，悄悄地放走了軍官。微笑在這一刻，溝通了兩顆心靈，也挽救了一條生命。

在公司中，也是如此。現代社會是一個競爭激烈的社會，工作節奏非常快，人際關係複雜，因此職員感覺苦累，感覺不快樂是難免的。工作中最容易讓我們不快樂的因素依次是：沒有發展前途、收入低、工作壓力太大、工作乏味、公司對員工關心不夠以及與同事之間的矛盾。

但是，不能因為苦和累，就整天愁眉苦臉，好像社會對自己有所虧欠似的，這樣不但會讓自己的心理感覺更累，而且在他人看來也不好。所以，應該學會在苦和累的時候保持笑容，這時你會發現微笑有著非凡的威力，能夠讓自己瞬間掃清鬱悶和苦累，也能夠讓他人心情順暢。

曾經有一段時間，大衛總在為工作上的一些事而煩悶、苦惱，於是整日裏緊鎖著眉頭，一副悶悶不樂的樣子。在那些日子裏，他總覺得好像一切都是灰色的，沒有陽光也沒有色彩。他所煩惱的工作任務有的沒有完成，有的即使做完了，但依然效果不好，沒有得到上司的肯定。而且在這種灰暗的情緒影響下，他的臉上整天陰雨連連的樣子，跟同事之間的關係也越是緊張。

有一天，他隨手拿過一本書不經意的翻閱起來。突然，視線被法國作家大仲馬的一段話吸引住；「生活是由無數煩惱結成的一串念珠，但得微笑著數完它。」讀完這段話，不覺心頭一亮。他隨後想到，一個人在生活中難免會經歷失敗和挫折，如果就此而終日沉湎於煩惱和苦悶之中，怎能以旺盛的精力和飽滿的熱情去做好自己的工作，實現自己的理想呢？又怎麼能夠以平和的心態去面對生活，面對自己今後要走的路呢？生活中的失意和挫折，就如同四季裏的風霜雪雨，是每一個真實的生命所不能例外，也無法逃避的。面對失意和挫折，只能用一顆平和的心去對待它，而絕不能一味的嘆氣和悲哀。他認識到，生活就像一面鏡子，當你對著它哭時，它也對著你哭；而當你對著它笑時，它也會對著你笑。正如有人曾經說過的那樣：「微笑是人生的點綴，只有用微笑，你才能夠去發現陽光的明媚和花朵的燦爛。」

確實，工作和生活的路是曲折的，面對人生的變幻無常，面對世事的撲朔迷離，應該用微笑來對待自己，用微笑去對待生活中的每一天。大衛在認識到這些以後，他變了。他的工作依然有困難和挫折，他的上司依然對他會有所批評，但他卻學會了一樣東西，那就是微笑面對這一切。後來他發現，當微笑面對的時候，許多事情可以迎刃而解。他在良好的心態中，找到了問題的解決方法，他的工作越來越出色，受到上司的表揚越來越多，而同事對他也有了不一樣的看法，都願意接近這個無論遇到什麼都微笑面對的同事。

公司、同事和每天必須完成的工作，給我們製造了各種衝突，甚至讓人陷入痛苦的關係中，這種消極情緒如果是長期的，對我們的心情就是一種腐蝕。當我們決定與束縛抗爭時，我們才能找回健康。如果我們開放心靈，就能置自己於衝突之外了。這個過程可能會使人痛苦，但這是個更加健康的方法。

因此，「只抱怨不行動是孩子氣的行為！」行動是緩解焦慮的有效途徑。建設性的解脫能夠透過更有趣的方法來實現。在工作中尋找快樂當然不是容易的事，不是每個人都能如願以償。我們當然希望公司為員工提供更多的心理支援。儘管如此，心理專家派翠克・阿馬爾依舊告誡我們：「每個人都應該對自己在工作中的情緒負責。」

另外，保持好心態也是非常重要的。現代社會給了我們空前的精神壓力，我們必須要換一個角度，換一種認知去看問題，學會釋放壓力，對工作不要過於苛求。

有一個培訓師曾在課堂上拿起一杯水，然後問台下的學員：「各位認為這杯水有多重？」有人說是半斤，有人說是一斤，培訓師則說：「這杯水的重量並不重要，重要的是你能拿多久。拿一分鐘，誰都能夠；拿一個小時，可能覺得手酸；拿一天，可能就得進醫院了。其實這杯水的重量是一樣的，但是你拿得越久，就會越覺得沉重。這就像我們承擔著壓力一樣，如果我們一直把壓力放在身上，不管時間長短，到最後就覺得壓力越來越沉重而無法承擔。我們必須做的是放下這杯水，休息一下後再拿起這杯水，這樣我們才能拿得的更久。」現代社會是一個「壓力的年代」，競爭日益加劇，工作壓力也隨之日益增加，不少煩惱都出在苛求兩個字上。當大家感覺到身心疲勞的時候，如果調整一下心理，感覺就會不同了，透過情緒調整完全可以讓快樂變得多一點。

醫生認為，快樂情緒有益人體健康，因為它能對人體免疫系統產生保護作用，使人體減少分泌因壓力而產生的激素。有的人看到自己的工作收入不高，工作太累，生活沒有樂趣，就出門進門不搭理人，好像全世界都欠他似的。看到一則妙語提倡：**「用加法的方式去愛人；用減法的方式去怨恨；用乘法的方式去感恩；用除法的方式去生活。」**是啊，努力快樂工作，自我愉悅，調節情緒，一定會使人生活得更加開心。

其實，快樂工作，讓心情愉悅，做什麼不重要，重要的是以什麼心態在做。工作中不順心事常出現，必須想方法拋棄這些煩惱。俗話說：「哭是一天，笑是二十四小時。」就看你怎麼調整了。也許工作本身不能給我們快樂，我們只有自己快樂著工作了。

要知道，別人不會給你送快樂來，除非你自己去尋找。生活中流行過一句話：**「放開一點、簡單一點、單純一點；集滿三點，就會開心一點。」**對於每天工作中需要完成的那些煩瑣的、不喜歡做的部分，應以平和的心態積極去完成，這部分工作沒有誰能躲得掉，快樂不快樂都要做，為什麼不快樂著去做呢？

一個人感到快樂，能影響到他周圍的人，使他們也能感到快樂。西方諺語說：「快樂與人分享，快樂會加倍；悲傷與人共擔，悲傷會減半。」跟街坊鄰居、計程車司機、商店營業員……所有為你服務的人打招呼，記得感恩與讚美。

工作雖不是生活的全部，但它占據著每個人生命的大部分時間，再苦再累也要笑一笑，工作快樂才能讓生活更快樂。希望每個身在職場的人都能更快樂地工作著，也能更快樂地生活著。

職場箴言：

1、職場當中，苦累自不必說，但如果自己以鬱悶的心情去看待這些，那麼只能更苦、更累。

2、微笑不但能夠化解自己心裏的陰霾，而且能夠給予周圍的人陽光，當一切被陽光所籠罩的時候，你會感覺輕鬆無比。

君子復仇，十年不晚

在古代，發生過這樣一個故事。

有一個人虐待他的僕人，並且將其殺死。後來，又將僕人的女兒，霸占為己有。

這個僕人的女兒非常聰明，平日裏，她負責管理著這個人的日常飲食、吃穿的各項生活，事事都做得很有分寸，找不出缺陷。而且只要能夠博得這個人歡心的，比如妖豔、放蕩、引誘等等手段，她是運用得遊刃有餘。在表面上，看不出她有什麼悲傷的樣子，反而天天歌舞昇平，一幅快樂幸福的模樣。

有些知情的人，就在背後議論和指責她：根本忘記了自己的家人，是如何含冤而死。然而她還是我行我素，表現得和丈夫恩愛無比。她的丈夫被她迷惑得不能自己，對她是言聽計從。

漸漸的，她就開始引著丈夫向奢華的路上走，將他的家產日漸損耗，直至損耗了總家產的七、八分之多。

她又開始挑撥離間丈夫和他家人的關係，後來搞得丈夫一家人不能見面，只要一見面就像鬥紅了眼睛的烏雞，吵吵嚷嚷，各不相讓。

她還開始在枕頭上，給丈夫大吹特吹耳旁風：大肆宣揚《水滸傳》裏宋江、柴進等人占山為王的故事，稱他們為世間豪傑，人中俊傑。並且慫恿她的丈夫與強盜、竊賊來往。

最後，她丈夫終於因為犯法而被判死罪。

到了她丈夫行刑那天，她沒有去看丈夫，卻偷偷帶著酒菜來到她父母的墳前，流著眼淚說：「父母大人，您們常在夢中責備、驚嚇我，好像還要狠狠地打我，今天殺害你們的兇手，自己的死期也到了，您們現在也應該明白我深刻的用意了吧！」

聽到這些話，人們才明白：原來她是早有預謀，蓄意報復。

從這個古代故事中，我們認識到，一個人即使遇到什麼樣的委屈，當自己沒有能力為自己討回公道的時候，如果盲目行事，不但不能為自己雪恥，反而會給自己帶來更大的傷害。

在公司工作中，被別人陷害或者侮辱的事情不可避免，因為這個世界上什麼樣的人都有，有些人出言不遜，有些人則生來就以嘲笑和陷害別人為樂。如果這個時候，你的職位比這個人低，或者你的資歷和能力都不如他，你硬要去頂撞的話，即使能夠逞一時之快，則有可能被其掃地出門的危險。這個時候，你應該忍辱負重，多將心思和精力用在業務能力的提高以及取得上司的信任上面，而且對曾經侮辱和陷害自己的人要不動聲色，等待機會，再伺機報復。

貝利就是一個這樣的人。他剛進入一家公司不久，由於他沒有任何的經驗和資歷，儘管他抱著謙虛的態度認真學習，但好像總是別人不讓他那樣做。

進入公司不到一個月，貝利便被別人害了一把。一個同事的工作中出了差錯，但這個同事卻說錯誤來自貝利，當時貝利想解釋，但沒有人會相信他，因為他們理所當然地認為初入公司的人，才更有可能犯錯，於是他百口莫辯。

這件事過後，他對那個同事一如既往，並沒有表現出任何的不同之處。但清淨的日子不長久，麻煩又找上了貝利。

他出差去了，公司在其離開的時間發布了一項重大決定，當時老闆讓貝利的同事一定要通知到貝利，那個同事答應了。但貝利最後沒有收到任何消息，很明顯，他的同事沒有告訴他。

後來，貝利錯過了老闆的安排，自然被老闆痛罵一頓。當他一頭霧水地表示自己並不知情時，老闆並不相信這一點，因為老闆明確地告訴他同事，讓他轉告了。但貝利又不能說同事根本沒有通知，只能啞巴吃黃蓮。

當然，和上次一樣，他沒有去找同事理論，因為這樣做也已經於事無補。不過，再次發生這樣的事情，讓他認識到，他要想站穩腳跟，必須自己強大起來。於是，他一方面極力與其他同事搞好關係，一方面專心於業務能力的提高。很快，他開始嶄露頭角，業績越來越突出。

兩年後，他成為了原來背後陷害他那位同事的直屬上司，那位同事的命運可想而知。貝利認為這位同事的道德品行和業務能力都不足以勝任工作，於是將其開除了。所以，遇到別人的陷害和污蔑，不要衝動，要冷靜分析和應對，只要自己有一天強大了，便可以為自己討回公道。有時候，當受到別人暗中算計時，不要急著反擊，日久見人心，忍得一時，事實自然會水落石出，到那時，大家定有公斷。既可以還你一個公道，還能給自己贏得信任和讚譽。

混跡於職場中，應能屈能伸，君子復仇，十年不晚，冷靜沉著地應對明槍暗箭，是你該有的成熟。

職場箴言：

1、在職場中，被人陷害和污蔑的事情常有發生，當你不夠強大的時候，硬頂只能讓自己更加受傷。

2、冷靜分析，沉著應對，多提高自己，總有一天，你可以為自己討回公道。

好漢要吃眼前虧

我們向來就提倡「以忍為上」、「吃虧是福」。可見，「吃虧」也算是一種玄妙的處世哲學。有道是：「識時務者為俊傑」，所謂的「俊傑」，並非專指縱橫馳騁、無堅不催如入無人之境的英雄，這裏面恐怕更應該包括那些能看準時局、能屈能伸、不怕眼前吃虧的智者。

漢朝開國名將韓信就是「好漢要吃眼前虧」的最佳典範。鄉里的惡少要他從胯下爬過，不爬就要揍他。他二話不說，爬了。如果不爬呢？恐怕一頓拳打腳踢，韓信可能就會體無完膚了，哪來日後的統領三軍、叱吒風雲呢？

能吃眼前虧的目的，是以吃眼前虧來換取其他的利益，是為了更高遠的目標，如果因為不吃眼前虧而蒙受龐大的損失或災難，甚至把命都弄丟了，哪能說未來和理想？

可是有不少人碰到眼前虧，會為了所謂的面子和尊嚴，甚至為了所謂的正義與真理，而與對方搏鬥。有些人因此而一敗塗地不能再起，有些人則獲得慘勝，元氣大傷！

所以，當你在人性的叢林中碰到對你不利的環境時，千萬別逞血氣之勇，也千萬別認為士可殺不可辱，寧可吃吃眼前虧。

現實生活是殘酷的，很多人都會碰到不盡人意的事情。社會是一張巨大的關係網，把我們網在了「網」中央。因此，要想在社會上混飯吃，人就要學會在複雜多變的環境中保護自己，在人際交往中多長個心眼，少一點棱角，多一些圓融通達。

古人曰：「用爭奪的方法，你永遠得不到滿足；但用讓步的辦法，你可以得到比期盼的更多。」唯有不計較吃虧的人、不怕吃虧的人，才會在一種平和自由的心境中感受到人生的幸福。只要不是大是大非的問題，即使真理在握，也可以做點非原則性的讓步。吃虧人常在，吃虧是福。

生活中，吃虧與占便宜的機率對等。有時想占別人便宜的人，往往占不到便宜，可能還要吃虧；有時不想占別人便宜的人，生活也不會讓他吃虧！當一個人占了便宜的時候，或許能夠獲得一份精神上的愉悅；而當一個人吃了虧的時候，會是一種什麼樣的心境呢？

無論吃虧或占便宜，都來自於內心的體驗。有人說，吃了虧自己不知道就不算吃虧。比如，別人把他「賣」了，他還興高采烈地幫人數錢，這樣的人，你能說他吃虧了嗎？也有人說，吃虧是一種做人的美德，虧吃得多了有利於提高自己處事能力和自身的修養，使自己在「吃虧」中得到一種無法用物質予以補償的好處。

明知吃虧，卻並不計較，這是一種境界。「吃虧」者，大智若愚也。假如你被人不小心踩了一腳，卻一笑了之，腳痛了，吃虧了，但衝突化解了。在工作中少拿一點酬勞，吃虧了，但人非草木，你得到的是大家的尊重。被人理解、受人尊重，是無法用金錢去衡量的。

誠然，從人的本性來說，幾乎每個人都是「便宜蟲」，也幾乎沒有誰不希望有機會能為自己占點小便宜的。其實，有時候人們並非沒有這些小便宜就沒法生活了，恰恰相反，有些便宜對絕大多數人來說甚至是可有可無的。只是因為一個面子的問題，使許多人從此變得斤斤計較。試想：假如一個人從來都不想吃虧，只知道占便宜，與這樣的人打交道，一不留神就吃虧，有誰願意？與人相處，關鍵要給別人一個印象：你不是那種凡事錙銖必較、只知道貪小便宜的人，而是樂於助人的人！如果這樣的話，隨著時間的累積，你將會擁有更多的朋友，也就擁有了更多成功的機會。

在如今的職場上，有些眼前虧必須得吃，否則後果只能自己承擔。我們的祖先經常說好漢不吃眼前虧，但殊不知有時候吃眼前虧是為了換取其他利益。

假設這樣一個狀況：你開車和別的車相撞，對方的車只是小傷，甚至可以說根本不算傷，你不想吃虧，準備和對方理論一番，可是對方車上下來四個彪形大漢，個個橫眉豎目，眼看四周荒僻，也無電話，更不可能有人對你伸出援手。請問，你要不要吃賠錢了事這個虧呢？

說到這裏，每個人都知道怎麼做是正確的。如果你不能說又不能打，那麼看來也只有賠錢了事了。以這個故事為例，賠錢就是眼前虧，你若不吃，換來的可能是一頓拳毆或是車子被破壞。

在公司裏，也會遇到類似的情況，有時候背黑鍋的事情比比皆是，當你的上司自己犯錯了，想把責任推給你的時候，你不得不接著，要嘛背著這個黑鍋，這是眼前虧，要嘛你不去背，當然只能被掃地出門了。所以，與丟掉工作相比，為上司頂一次錯誤，也許算不了什麼。這就是職場，不容自己思考，只能小心謹慎地盡量躲過一些陷阱，當不能躲過的時候，該跳也得跳，尤其是為了自己的上司而跳，也許這個眼前虧，會讓上司覺得你可靠，日後對你加以提拔也說不定。

「忍一時風平浪靜，退一步海闊天空」是一種修為和涵養，「好漢不吃眼前虧」則是人生的真諦。堅毅忍耐、不怕吃虧的精神是一個人意志堅強的表現，更是一個值得現代人思索的為人處世之道。在職場、官場、人際交往等當中，如果我們能捨棄某些蠅頭小利，也將有助於塑造良好的自我形象，博得別人的認同、好感以及友誼。凡事都有兩面性，有失必有得，若欲取之，必先予之。做一個有識之士，不妨將此謹記善用，相信這樣必能給我們的人生帶來意想不到的收穫。

職場箴言：

1、所謂「好漢不吃眼前虧」也要看實際情況，有時候，眼前虧不得不吃。

2、吃了眼前虧，不要覺得委屈，這也許是將來你獲取更大利益的起因。

第十章　公司裏想快速升遷的心機

職場中，每個人都希望自己的地位越升越高，但升遷有道，不懂「心機」將困難重重。想要快速升遷，必須要把握好下面幾點：

1做上司肚子裏的「蛔蟲」，

2讓別人為你做「嫁衣」，

3關鍵時刻往前站，

4明裝「熊樣」暗中使勁，

5搶先一步占據先機。

做上司肚子裏的「蛔蟲」

職場中的你，如果想要工作有所進步，想要得到老闆的青睞，實現職場升遷，就需要做一條老闆肚子裏的「蛔蟲」。做老闆肚子的「蛔蟲」不是為了拍馬屁，而是能夠洞察老闆動向，懂得他對公司、行業形勢發展的看法，從而能跟上公司發展步伐，甚至預知性的做好工作，這樣久了，老闆就會發現你是一個認真、肯付出的人，與公司發展休戚與共，而這樣的人正是老闆最喜歡的，沒有人不喜歡對自己盡忠的人。

另外，如果對老闆的背景、工作習慣、奮鬥目標及他喜歡什麼、討厭什麼等等都瞭若指掌，對你當然大有好處。一個精明能幹的老闆欣賞的是能深刻地瞭解他，並知道他的願望和情緒的下屬。

做上司肚子裏的「蛔蟲」，你能夠及時跟上公司發展步伐。對於上司的發展規劃、工作方式及個人性格，你都瞭若指掌，就能根據近期行業、市場發展形勢，對下一步工作方向、重點及時做出調整，不至於上司已經指向東，大家都已經根據指示步入正軌了，而你還在努力調整方向。對上司工作計畫的洞察，可以加快你前進的腳步，甚至超越同事，優先取得滿意成績，贏得上司的讚賞。

新冠肺炎疫情席捲全球時，阿超所在的部門已經感受到了形勢的嚴峻，性急的主管已經開始為第二年的任務量擔心了。根據以往對主管的瞭解和觀察，阿超做出了自己所在部門第二年的發展規劃，其中重點放在「開源節流」上，對如何在不影響正常運作前提下減少開支、積極開拓新的業務點做了很詳細的闡述，主管拿到這份規劃非常欣慰，認為阿超就是自己肚子裏的蛔蟲，自己想什麼都知道。年底的會議報告上，高層在闡述第二年的打算時，阿超的規劃被採納了。在阿超的計畫取得部分成績後，他就被加薪升職了，雖然公司面臨的形勢並不樂觀，但公司不會忽視一個有超前意識的人。

做上司肚子裏的「蛔蟲」，你會更好的處理人際關係。其實，與主管相處，無非摸清他的脾氣，在恰當的時候做正確的事。說起來的確很簡單，只要你細心的觀察、留意，再根據主管目前所處的情況做出正確判斷，然後根據判斷做出相對反映。這個判斷及行動過程會讓你「換位思考」，體會到當主管的不容易，因此在與主管交往中針對性就更強，而這種能力的累積就會讓你的交往能力越來越強，人際關係的處理也會更加如願，你的人格魅力會更強大。

做上司肚子裏的「蛔蟲」，不是拍馬屁，不是阿諛奉承，而是你與上司的默契，是你對公司發展的關心，是你對行業形勢的關注。因此做上司肚子裏「稱職」的「蛔蟲」，就要努力實踐把事情做好。

培養與上司的配合度、積極度。無論做什麼事，上司首先想到要交辦給你，這時的你已經與上司形成了積極的配合度。所以，工作中不要拒絕或者不情願為上司做些自己本身工作之外的事，比如他要你幫他訂機票、收集一些資料，你應該很高興接受這些，這是上司信任你，也是你自我能力證明的好機會。多些這樣的機會，你與上級的關係就會變得親近起來。

主動做別人不想做的事情，讓上司覺得你任勞任怨且積極主動，那麼在心裏他可能就會把你當作自己人，認為你是一個踏實、上進的人，而上司喜歡重用肯做事情的人，而不是整天埋頭苦幹，但只做自己職位上事情的人。

做老闆肚子裏的「蛔蟲」，說到底還是需要你有深入、細緻的洞察力，能夠察言觀色，明察秋毫，將老闆當作「晴雨錶」，根據他一些不起眼的示意來做出更好的工作安排。另外一個層面上，洞察力也是「情商」的一種表現，透過觀察所得，做出相應對策，無疑對工作會大有幫助。

但員工知道了老闆太多的事情並不是一件好事，有很多的事情還是不知道為妙，因為老闆不論從哪個方面，自己認為很隱蔽的事情一旦被洩漏出去，他第一個懷疑的對象可能就是他肚子裏的「蛔蟲」。這樣的員工，就是從個人方面考慮，老闆也不會提拔他。

還有一種員工，明明他和老闆的關係不是很密切，卻喜歡自我表現，讓別人知道他能夠充分理解老闆的意圖，本來不是老闆肚裏的「蛔蟲」，但他偏偏要當「蛔蟲」，這樣的員工不但不會得到老闆的重視，也不會有什麼好下場。《三國演義》中的楊修就是因扮演了一個「蛔蟲」的角色而被曹操殺害的。現代職場中也有人以「蛔蟲」自居，卻不料馬失前蹄。

某機關副處長李某，在這方面就深有體會。李某剛到機關時，對上級主管十分尊敬，深受喜愛。在陪同主管出差時，他跑前跑後的張羅買票、住宿、吃飯等瑣事，由於主管覺得他對自己忠心耿耿，所以很快的把他提拔為副處長，於是李某以為自己和這位主管之間已經超越了一般的同事關係，於是經常和老朋友一樣，就連主管的女兒婚姻大事也都由他牽媒搭線，主管家裏的夫妻矛盾他也瞭解得一清二楚。

可是好景不長，過了不久，自以為人生得意的李某卻發現自己失寵了。本以為處長的位子非自己莫屬，可是卻由同事魏某取而代之。他思前想後找不到原因，內心感到非常納悶。

後來，另一位上級找他談話，告訴他：「你和主管的關係過於親密，這樣容易引起周圍同事的議論，希望你自己多檢點一些。」這時李某才恍然大悟。

員工與上司之間保持工作上的溝通，資訊上的交流及一定感情上的聯絡，是工作的需要，如果你洞察能力強，能及時瞭解到更多地其他資訊，就要正確看待。作為一個員工，千萬不要窺視上司的家庭秘密、個人隱私，某種程度上即使心知肚明也要裝糊塗。工作中，我們要注意瞭解上司的主要意圖和主張，但不要事無巨細，以至於瞭解他每一個行動步驟和方法措施是什麼。這樣做會使他感到你的眼睛太亮了，什麼事都瞞不了你，這樣他工作起來就會覺得很不方便。如果你身邊總有一雙無形的眼睛盯著你的一舉一動，你會做何想法？

職場箴言：

他是上級，你是下屬，他當然有許多事情要向你保密，有一部分事情你只應是知其所以然。所以，你可以成為上司肚子裏的「蛔蟲」，但不要讓他知曉，不要讓他感覺到，否則，那就是在自取滅亡。

讓別人為你做「嫁衣」

牛頓曾經說過：「如果說我能夠看得更遠，那是因為我站在了巨人的肩膀上。」中國有句話：「行萬里路，讀萬卷書。」牛頓的這句話是謙虛之詞，卻是一個不爭事實，我們需要站在別人的經驗、成就上才能有更驚人的創造；而「讀萬卷書」正道出了積極吸取古人及其他人的長處，才能練就自己的專長。職場中，這個道理一樣通用。

慧嘉早晨到公司打開郵箱，看到身邊很多同事都升遷了，她紛紛發信恭喜，可是一細看，卻感覺自己非常失敗。原來，過去幾年裏，慧嘉一直都在義務為他們準備各種資料，收集各種最新資訊，幫忙滙總後期回饋，甚至還要出謀劃策，正是在她的各種幫忙、計畫、建議下，這些同事才有更多的精力來做其他更重要的事，因此逐漸被老闆看重。慧嘉有口難言，因為別人也沒有要求自己一定要怎樣，只是罵自己傻乎乎的為別人做了件漂亮的嫁衣。

這就是一個典型的為他人做嫁衣的職場案例，而且這樣的人還不在少數。聰明的你，是做嫁衣的那個還是穿嫁衣的那個呢？事實告訴你，一定要學會「穿嫁衣」。

「穿嫁衣」並不是要強人所難，更不是要將別人的業績據為己有，而是充分利用別人的一些建議、點子、成果等來使自己更上一層樓。

公司發展需要菁英，這些人也都各具特色，多虛心傾聽同事的看法，觀察他們的做法，自己肯定會受益匪淺。而也正是他們不經意間的做法、看法，足以給自己某些啟發。在某種程度上，他們的這些做法都是你的嫁衣，就看你懂不懂得去穿。

公司為一個團體的集合體，很容易因為什麼事，而引起大家共同的讚賞或一致的討伐，一個工作認真的人應該善於抓住這樣的機會，為自己的職業生涯畫上更多的驚嘆號。

讓別人為自己做嫁衣，還包括職場中你的為人處世，你的人際關係，你能否遊刃有餘的在老闆、同事、業績之間處理好關係。

劉小姐是這家公司的新進人員，她開朗的性格、簡單的為人處世以及確實很出色的工作能力，不但令同部門的同事很喜歡她，其他部門只要跟她有接觸的人，都會情不自禁的讚賞她。劉小姐一帆風順的在公司成長，這一切讓劉小姐身邊的一位同事心理很不舒服，她的工作能力也還不錯，就是為人有點清高甚至有些刻薄，平日裏與大家交往不多。劉小姐的到來讓她心裏本來就有些不痛快，看到大家這樣對待她，就更有些失衡。平日裏看到老闆，她總是當著大家的面有意無意調侃劉小姐的糗事；如果是只有老闆一個人，她也總能把話題拉扯到劉小姐身上，找出些她工作上的不是來。

這樣的情形持續了一年，年底整體測評結果出來後，劉小姐的分數高居榜首，第二年劉小姐意外的升職，雖然只是小小的半步，但也是對過去這一年工作的肯定。那位心裏不舒服的同事就更不舒服了，她開始懷疑老闆的判斷能力，不久便遞交了辭呈。其實，劉小姐的能力如何，品質怎樣，老闆心裏自然有數，平日裏大家如何對她，老闆不會看不到，而背後嘀咕的那位同事只起到了適得其反的作用。不要小看這些日常生活中的瑣碎小事，縫綴起來他們就是一個人或漂亮或醜陋的嫁衣，會為你打出關鍵分數。

一個人是踢不成足球的，即使你是球王，也需要其他隊友配合。工作也是如此，同事、長官甚或不相干的人都能為你提供有用的資訊，點燃你的靈感，為你的工作錦上添花。如何看到他人為你縫好的嫁衣？

善於傾聽。我們有一張嘴巴，兩個耳朵，老天要我們多聽少說。多聽聽老闆、同事的話，哪怕只是閒扯，可能對你都是「金玉良言」，可以點醒你沉睡的智慧。

虛心接受意見或建議。我們都知道忠言逆耳，但恐怕沒有幾個人喜歡批評或挑剔的話，靜下心來虛心傾聽別人給你的建議，提出的意見，這些東西或許對你有天大的幫助，或者沒有一點用處，但有一點是可以肯定的，他們會誇獎你是一個虛心的人，還有比別人對你好評價更重要的嗎？

多觀察，多發現。睜大眼睛，閉上嘴巴，多觀察身邊人，他們身上可能有你需要的東西，他們的言行可能會激發你的想像。等你這些觀察到的零散資訊有系統化、深入化，它們就是你工作的亮點。

職場箴言：

今天是在昨天的基礎上呈現的，社會是在前一階段的累積上邁向新時代的，作為社會一員的你不可能孤軍奮戰，職場中同樣需要發揚「相容並包，博採眾長」的精神。

關鍵時刻往前站

在公司中，只有能在關鍵時刻往前站，才能很快的脫穎而出。往前站首先要把握好時機，有果敢行動的魄力。

打籃球搶籃板時不知你是否有這樣的體會：跳得太高了，不行；太低了，更不行；時間太早了，不行；時間稍遲幾秒，也不行。只有盯著籃板，根據準確的經驗判斷，你才能準確的搶到籃板球，前NBA籃板球王「小蟲」羅德曼不是最高的運動員，卻是威懾籃下的籃板王；「大笨鐘」華萊士也是以其強悍的作風和準確的判斷橫行籃下。

《史記・淮陰侯列傳》中說：「猶豫不決的猛虎，不如敢用毒刺刺人的蜂蠍；徘徊不前的駿馬，不如穩步向前的劣馬。虎缺乏果斷，往往捕不到食物；馬缺乏果斷，常常耽誤行程；人缺乏果斷，會處處陷於被動。」果斷來自於正確的判斷、快速的決策、果敢的行動，所以，果斷是一種勇的行為、智的展現。它是人的一種整體能力。在人們的安身處世中，有了這種能力，可以搶到先機，出奇制勝，轉危為安，消除後患。果斷，是成功表現自己的必備素質。

小李大學畢業後，進入一家貿易公司當職員。一天早晨，他和同事們走進辦公大廳後發現，地上已是一片汪洋，原來是晚上暖氣管爆裂了。

此時，上司還沒上班，該怎麼辦？一時間，樓道內亂成一團。

小李沒有慌亂，他從容不迫地給管理員打完電話後，把早來的人一部分安排清理地上的水，一部分安排去「搶救」地上泡濕的檔案資料。二十分鐘後，當上司來到辦公室，地上已經清理得和從來沒有發生過事故一般。小李，這個冷靜果敢的職員，因為露了漂亮的這一手，大受上司的稱讚和同事的欽佩。後來，小李被委以重任。

從小李的故事不難看出：關鍵時刻，往往就是機會降臨的時刻。當你果斷地往前站，並且戰果輝煌時，你的價值就會引人注目，好事自然會接二連三！

要知道，你可能窮盡畢生努力，也不會得到別人的賞識，而抓住這一機會，就可能把你的能力和價值展現給同事和主管，特別是意見未採納，人們更會在後來的失敗中憶起你的表現，讚嘆你的英明。其實，在遇到表現自己機會時往往不是沒有能力表現，而是一種「別人沒動，我出頭會讓人說閒話」，或者一種天性中的自卑阻礙你挺身而出。

日本的笑話故事書《長屋賞花》裏有這樣一個故事：有一位窮人到郊外去賞花，附近都住著生活很豪華的人，他看了，不禁感慨地說：「大家都打扮得這麼漂亮，衣著豔麗，我身上穿的也是衣服，不過太破舊了，脫下來簡直還不如他們的抹布呢！」房東聽到這句話，立刻訓斥他說：「把每個人身上的皮都剝下來，大家都只剩下屍骸與骨頭，有什麼好自卑的。」

在感到對方的威嚴而膽怯時，就要立刻去想出他與你的共通點：剝去皮，大家都一樣，自己就再也沒有畏縮的必要了。

但這不是教你投機取巧，做到關鍵時刻挺身而出，只是讓自己脫穎而出的因素之一，要想取得理想的結果，還需要注意以下幾個問題：

1、要實幹，但也要適時表現。所謂適時，一是要找到恰當的事情動腦筋；二是要在顯山露水時，不要過於刺眼，招受眾人譴責而樹立敵手。

2、顯示能耐不宜頻率過多。天天都做出格的事，人們再也不覺得你有什麼稀奇之處，只能被罵作是愛出風頭而已。所以你總是要留一些絕招，留上顯示的餘地。如果你能經常露上那麼一點點新鮮的才華，則人們總會對你抱有希望，弄不清你的深淺，多大的事也敢託付於你。

3、要打消顧慮，多在心裏挑同事和上司的毛病，便不會再羞澀了。

常言道：疾風知勁草，烈火煉真金。關鍵時刻往前站，是向同事展示你價值的絕好時機，是人生難得的機遇。如果你有實力，千萬不要錯過表現自己的好機會。

沒有誰是天生的贏家，也沒有誰是扶不起的阿斗，只要你有足夠的自信，足夠的努力，在關鍵時刻往前站，你就是這個時代的英雄；工作中，老闆也是喜歡這樣的員工。你站出來，才能受到公司的關注，引起老闆的注意；你的工作出現亮點，也是在展示自己，讓周圍的人看到，進而認可你的能力。

對於一個企業來說，需要一大批的人來做維持企業運轉的日常工作，同時也需要一些菁英級的人來支撐企業發展的動力，為企業日常發展進行人才儲備。對於職場中人來講，做普通人很容易，可以安安穩穩的過日子，可以衣食無憂。但是，要想成為那少有的千里馬，就需要拿出你與眾不同的東西讓老闆看，這就需要你把握住關鍵時刻，在這個焦點時刻站出去，擔起重任。公司需要勇於擔當的人，老闆高興看到能夠站出來為公司主動分擔的員工，在他看來，這樣的員工與公司同在，更具責任感。

對於職場中的個人來說，有多少人甘願平淡，只做個小卒被人呼來喚去，怎樣才能改變現狀，讓老闆看到你的才能，並予以重用呢？找對時機，關鍵時刻往前站。即使你沒有立即被重任，老闆對你也會刮目相看，把你列為準備提拔並委以重任的人選。

關鍵時刻是最能識別人才的，這個時候往往是事關重大，大家要嘛沒有辦法，要嘛不敢站出來分擔責任；如果你確實有解決問題的本事，就要勇敢地站出來。害怕困難或者採取事不關己，高高掛起的明哲保身態度，不敢在緊要關頭站出來，自己的才能也就不會被人發現，而這樣的人是大多數，所以只有極少數的人才能做領導者。毛遂自薦的故事對於今天職場中的我們來說，仍極具借鑒作用。

秦國大舉進攻趙國，秦軍將趙國都城邯鄲團團圍住，情況十分危急，趙王只好派平原君趕緊出使楚國，向楚國求救。平原君門客千餘名卻挑選不出二十名能文善武，足智多謀的人隨同前往，這時，只見毛遂主動站了出來說：「我願隨平原君前往楚國，哪怕只是湊個數！」

一到楚國，平原君立即拜見楚王，跟他商討出兵救趙的事情。可是這次商談並不順利，從早上一直談到了中午，沒有絲毫的進展。面對這種情況，隨同前往的二十個人中有十九個只知道乾著急，在台下直跺腳、搖頭、埋怨。唯有毛遂，眼看時間不等人，機會不可錯過，他一手提劍，大踏步跨到台上，面對盛氣凌人的楚王，毛遂毫不膽怯。他兩眼逼視著楚王，慷慨陳詞，申明大義，他從趙楚兩國的關係談到這次救援趙國的意義，對楚王曉之以理，動之以情。他的凜然正氣使楚王驚嘆佩服；他對兩國利害關係的分析深深打動了楚王的心。透過毛遂的勸說，楚王終於被說服了，當天下午便與平原君締結盟約。很快，楚王派軍隊支援趙國，趙國於是解圍。

事後，平原君深感愧疚地說：「毛遂原來真是了不起的人啊！他的三寸不爛之舌，真抵得過百萬大軍呀！可是以前我竟沒有發現他。若不是毛先生挺身而出，我可要埋沒一個人才呢！」

毛遂的自薦，自請入袋，告訴我們不要總是等著別人去推薦，只要有才能，不妨自己主動站出來，發揮聰明才華，做出自己應有的貢獻。如果毛遂還是和其他門客一樣繼續在平原君門下默默無聞，那我們也就不會知道這個人物，或許歷史上的秦、趙之間早就展開了一張激戰。

另外，我們還需要注意的是，毛遂之所以能夠成功，是因為其對國家之間的利益關係瞭若指掌，能夠憑藉三寸不爛之舌將其動之以情，曉之以理。如果你僅有滿腔熱情和勇氣是不夠的，在關鍵時刻表現出色還必須知彼知己，方能百戰不殆。

關鍵時刻的確能夠彰顯一個人的才能，能夠讓你一鳴驚人，但是一定要做到知己知彼。

畢竟最關鍵的時刻不是很多，如果一時疏忽錯失機會，不但公司為此受到影響，你可能也就沒有再翻身的機會。

因此一定要在機會來臨前，加強自我的修練，強化能力，善於把握，當這種機會真的與你相逢時，你才能爭取成功。

職場箴言：

不要再抱著「是金子總會發光」的想法，現代職場忙忙碌碌，且人才濟濟，關鍵時刻你不站出來就會有人取而代之。關鍵時刻往前站，是自己給自己創造機會，這是個雙贏的結果，為公司也為自己。

明裝「熊樣」暗中使勁

炫耀小聰明、自負、輕狂，是一種膚淺的表現，更是一種歷練欠火候的反映。中國北方有一句俗話，叫「低頭的麥穗是飽滿」，揭示的就是這個道理。有聰明、大智慧者，往往是行為很低調的人，大智若愚是也。職場中最忌諱輕狂者，不論你是否擁有真本領，都要明裝「熊樣」，暗中使勁，要不然你就得悲劇收場。

那何謂「熊樣」呢？指的是：愚笨和遲鈍。

一般來說，大部分的人都喜歡愚鈍的人，記住這一點是不會錯的。任何上司都有獲得威信的需要，不希望部屬超過並取代自己。因此，在人事調動時，如果某個優秀、有實力的人被指派到自己的部門，上司就會憂心忡忡；因為他擔心某一天對方會搶了自己的位子。相反，若是派一位平庸無奇的人到自己的部門，他便可高枕無憂了。因此，聰明的部屬總會想方設法掩飾自己的實力，以假裝的愚笨來反襯主管的高明，力圖以此獲得上司的青睞與賞識。當上司闡述某種觀點後，他會裝出恍然大悟的樣子，並且帶頭叫好；當他對某項工作有了好的可行辦法時，不是直接發表意見，而是在私下裏用暗示方法及時告知主管，同時再拋出與他相左，甚至很「愚蠢」的意見。久而久之，儘管在同事中形象不佳，有點兒「弱智」，但主管卻會更加欣賞，對其情有獨鍾。

處理上司交辦的事情，一定要盡可能的爭取時間快速完成，不過，需要注意一點：不要過分追求完美，甚至找不出一點瑕疵。如果你把事情處理得過於圓滿而讓人挑不出一點毛病的話，那主管豈不是沒有了用武之地？當上司的就會感到有「功高蓋主」的危險。

適當地把自己放得低一點，就等於抬高了別人。當自己被人抬舉的時候，還有誰放不下敵意呢？適當的顯露些自己的「愚笨」，在別人的大笑或者「這麼簡單的事也會犯錯誤」中，你與大家的距離就更近了。這樣一來，儘管你很優秀，有些才華，別人也不會對你敬而遠之，更不會背後對你比手畫腳，甚至想「陰」你。人們總是不和傻瓜計較，法律上對精神智障者也沒有制裁，大概原因也是在這，對於沒有競爭力的人大家總是寬容。職場中，你需要抓住適當的機會，來表現自己的「糗事」或「熊樣」，當大家看到另一面的你，對你的態度肯定會有所不同。

你表現了自己的「愚笨」，但千萬不要以此為藉口就一直這樣輕鬆下去，明裝熊樣只是為了更好的工作，私下裏你必須要實幹，練就好的技術。沒有一個老闆喜歡真正愚笨的人，因為這種人不但不能給他創造價值，還會成為其累贅、絆腳石。老闆需要那種關鍵時刻能拿得出手，重要時刻能站出來，時時能為公司創造價值、又會時不時地裝傻的人。作為明眼人，老闆知道你的價值，也由此看到了你的待人處事能力，這樣的人他不提拔，那還會提拔誰呢？

所以，工作中需要適時表現，更要實幹。所謂適時，一是要找到恰當的事情動腦筋，做正確的事，而不是不用功。二是要在顯山露水時一定要顯露，不過不要過於刺眼，招受眾人譴責而樹立敵手。

該站出來時就要毫不猶豫地站出來，面對上司和同事們對你能力的驚訝，你可以裝做是自己「撿了個便宜」；更多的時候，可以把事情辦得更好，但別忘了留點「縫隙」，這樣主管心裏就會更舒服些，同事們也許會覺得你也並不怎麼特別。同事們認同了你的缺點，就等於在感情上容納了你；而上司看到了你的工作能力又發現了你如此出眾的情商，被提拔的那個人還能是誰呢？

職場箴言：

如果你的搭檔總是把工作完成的盡善盡美，不留半點機會給你；如果你的下屬總是比你想得還要周全、長遠，你怎麼都追趕不上，你內心會不會恐慌？和完美的人在一起壓力會無限放大，如果你經常有原則的現現醜，出出糗，裝出熊樣，可能你的職場處境就會更加一帆風順。

搶先一步占據先機

西元前二〇九年，項梁和侄子項羽為躲避仇人的報復，跑到吳中。會稽郡郡守殷通，向來敬重項梁。為商討當時的政治形勢和自己的未來出路，派人找來了項梁。項梁見了殷通，談了自己對時局的看法：「現在江西一帶都已起義反對秦朝的暴政，這是老天爺要滅亡秦朝了。先發動的可以制服人，後發動的就要被別人所制服啊！」殷通聽了，嘆口氣說：「聽說您是楚國大將的後代，是能做大事的。我想發兵回應起義軍，請您和桓楚一起來率領軍隊，只是不知道桓楚現在是在什麼地方？」項梁聽了，心想：我可不願做你的部屬。於是他靈機一動，連忙說：「桓楚因觸犯了秦刑律流亡在江湖上，只有我的侄子項羽知道他在什麼地方，我去叫項羽進來問問。」說完，項梁走到門外，輕聲地叫項羽準備好劍，伺機殺死殷通。叔侄倆一前一後走進廳堂。殷通見項羽進來，剛站起身，想要接見項羽。說時遲，那時快，項羽拔出劍直刺殷通，隨即砍下他的腦袋。項羽提著殷通的人頭，佩帶著郡守的大印，走到門外，高聲宣布起義。

在起義湧起的秦末，先發制人不僅是勝敗的關鍵，也是生死的要訣。殷通本來想要先發制人，卻被項梁叔侄倆先發制人，成了刀下鬼，項梁、項羽二人後來雖然「革命未成」就先後戰死，但畢竟曾經有過輝煌時刻。職場中，不需要真刀真槍，卻也不亞於戰場的刀光劍影，主動出擊，搶先一步就能占據先機，你的工作局面可能就會大有不同，而老闆看到處處有「戰績」的你，還愁他對你不另眼相看？

搶占先機，對於個人來說就是職場上不斷有新發現、新想法，總是在創新工作，實現進步；對於公司來說，搶占先機就是善於發現行業新動向，市場新走勢，總是走在行業企業前列，搶占到利潤空間最大時的市場。

沒有一個公司需要墨守成規、不思進取、不敢改變的員工。改進自己的工作方法、創新自己的工作思路才有可能站在別人前面，才有可能成為最能為公司創造效益的員工。而要搶占先機首先必須具有主動改變、主動創新、主動進取、主動改善的意識和能力。唯有改變和創新才能實現工作效率和工作品質的躍進。

主動是搶占先機的另一個重要法寶。在職場上，你主動去思考，尋找更適合的工作模式、新市場、需要解決的問題，你對市場就更瞭解、更深入，這樣工作起來豈不是更得心應手？

我們都知道這個道理，你要別人怎樣待你，首先你要怎樣待人。首先你會怎麼做？主動出擊，主動認識你的同事，而不要等別人來問你；主動幫助別人，主動關心別人，這樣的結果是什麼，你的朋友會越來越多，他們也都會真誠對你，原因就在於你主動對他們好，你占據了交往的先機。

我們常說要與時俱進，這話用在職場上，就是審時度勢，伺機而動。審時，就是審視公司的發展動態，只有對公司的現狀和未來有著清醒的瞭解，才能明確自己更應該朝向哪個方向發展。

度勢，就是判斷公司近期的發展走勢。結合公司的未來發展和近期規劃，提前做好自己的職位規劃，主動出擊，在別人未動之前先行動，以推動工作朝著預定目標前進。

機會之於人是重要的，但如果發現不了機會，看不到形勢發展，不會主動出擊，搶先一步，一樣是不會有成就的。當然，這種機會的發現需要專業素質和敬業精神，需要有準備的頭腦。

怎樣培養自己搶先一步的意識？

美國ＭＩＴ多媒體實驗室主任尼葛洛龐蒂說：要有個性，不循規蹈矩地做事情。能夠在日常工作中看出不平常來，這樣你才能保持對事物的警覺，反應機敏，才會有創造性的工作。而這種開創性的工作正是你搶先一步的表現，墨守陳規是不會讓你有所創造。

掌握專業知識，練就專業技能。工作中必須要有良好的心態，積極向上，累積經驗，不斷學習和提高，這是你搶先一步的基礎，如果你連自己的專業工作都做不好，談不上創造性的工作，更不會搶得先機。

職場箴言：

如果工作總是沒有進展，總是落在同事後面，不只是老闆，恐怕連自己都會失去信心。做好本職工作，並以此為基礎以創新推動工作新局面出現，你就永遠走在同事前頭，永遠搶占最好的機會。這樣的下屬，老闆是求之不得，那你的薪水、職位也會搶占先機。

作者： 王國華　　定價:270元

一、本書主要告訴讀者，把事情做好之前，必須先懂得如何做人，也就是只要把人際關係搞好，那麼當你遇到再如何困難的事，自然會有人跳出來幫你。

二、本書跟坊間其他教讀者如何「做人做事」書籍最大的不同地方，是從發掘正面能量的角度，透過將近一百個成功人士的例子以及貼近生活的實例，來讓讀者更容易深入瞭解這些成功人士做人做事的訣竅。

三、本書想要強調的是，做人放下身段，並不是要你放下原則，一味地迎合別人，做事不擇手段，也不是要叫你為達目的，無所不用其極，而是透過做人做事的「人性算術」，讓自己可以在最短時間，達成自己想要達到的目的。

作者： 倪貝蒂　　定價:280元

美國知名心理學家，威廉・詹姆士曾說：「心甘情願地接受吧！接受現實是克服任何不幸的第一步。」

當我們在埋怨自己的生活不公平、人生多磨難的同時，想想還有更多受災難的人們，與他們相比我們所經歷過的困難和挫折算什麼呢？

所以，我們承認生活不總是公平的，並積極地去適應它。這樣，我們才能擺脫消極，放開心胸，在人生的道路上走得更穩健。

延伸閱讀 >>>>>

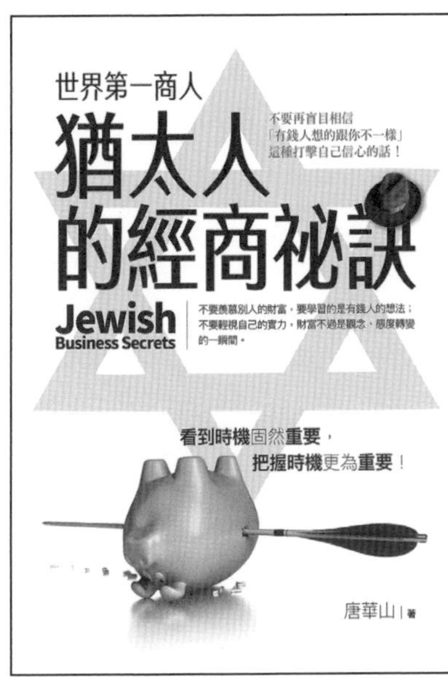

作者： 唐華山　　定價:280元

在猶太人眼裏，衡量一個人是否具有經商智慧，關鍵看其能否靠不斷滾動周轉的有限資金把營業額做大。

本書對猶太人的商業理念及經營技巧，進行詳盡的介紹與剖析，力圖對猶太人的經商智慧做一個全方位的立體展示。

衷心希望你能用深思熟慮的方式來閱讀，必將有所成長，因為你更會確立自己的觀點，看事情也更為清楚，不管在未來的人生職業生涯中遇到任何的挑戰，也都能夠有辦法、有效率的面對。

作者： 榴槤　　定價:260元

這不是一本理財書，
而是一本理財之前必看的致富書。

《從Zero 到Hero的致富筆記》這本書就是要訴我們，或許我們沒有辦法一生下來就擁有一個「富爸爸」，讓自己成為人人稱羨的「人生勝利組」，但是卻可以秉持著「只要肯努力，天下沒有做不到的事，只要認為對的事，就下定決心馬上去做。」的信念，不要給自己太多藉口和理由，那麼就可以讓自己「從Zero 到Hero」，從「人生努力組」成功地邁向「人生勝利組」。

國家圖書館出版品預行編目(CIP)資料

不懂這些事，你就等著被取代 / 宋學軍著. -- 初版. -- 臺北市 : 種籽文化事業有限公司, 2021.01
面 ; 公分

ISBN 978-986-99265-5-3(平裝)

1. 職場成功法

494.35　　109021151

小草系列 32
不懂這些事，你就等著被取代！

作者 / 宋學軍
發行人 / 鍾文宏
編輯 / 種籽編輯部
行政 / 陳金枝

出版者 / 種籽文化事業有限公司
出版登記 / 行政院新聞局局版北市業字第1449號
發行部 / 台北市虎林街46巷35號1樓
電話 / 02-27685812-3 傳真 / 02-27685811
e-mail / seed3@ms47.hinet.net

印刷 / 久裕印刷事業股份有限公司
製版 / 全印排版科技股份有限公司
總經銷 / 知遠文化事業有限公司
住址 / 新北市深坑區北深路3段155巷25號5樓
電話 / 02-26648800 傳真 / 02-26640490
網址：http://www.booknews.com.tw(博訊書網)

出版日期 / 2021年01月初版一刷
郵政劃撥 / 19221780 戶名：種籽文化事業有限公司
◎劃撥金額900(含)元以上者，郵資免費。
◎劃撥金額900元以下者，若訂購一本請外加郵資60元；
劃撥二本以上，請外加80元

定價：320元

種籽
文化

種籽
文化